身近な「鳥」の素顔名鑑

散歩道で出会える！個性豊かな野鳥たち

mililie

（YUKI・中嶌真平）

はじめに

〝本当に身近に出会える鳥たち〟と〝数種のオススメの鳥〟だけを厳選して、その個性的な魅力を美しいイラストとともに、わかりやすく伝える本を作りたい！　という思いで仕上げたのが、この『身近な「鳥」の素顔名鑑』です。

通勤・通学で通い慣れた道、ご近所の公園、河川敷…。そんなお馴染みの場所で暮らす鳥たちを、1冊にギュギュッと集めてみました。そして、見た目にひそむ秘密から身体能力、面白い行動、地域による違い、人との意外なかかわり、不思議な進化まで、幅広いトピックを詰め込んでいます。これらは、日々の観察や世界中の専門家たちの研究、文学、伝承、ニュース報道などをもとにしています。

こうして、それぞれ強い個性にあふれた鳥たちを集結させてみると、あらためてその多彩さに驚かされます。できるだけ親しみやすい言葉で伝えるよう努めましたので、楽しく気軽な気持ちで読み進めていただければ幸いです。「こんな鳥がいるんだ！」「この鳥はこんなこともするんだ！」という発見や感動を味わっていただけたら嬉しく思います。

毎日の何気ない散歩道も違って見えてくる！　そんな身近な鳥たちの暮らしをのぞいてみませんか？

2025年4月
mililie

もくじ

第1章 とにかく身近な鳥

第2章 街歩きで出会う鳥

第3章 公園で見られる野鳥

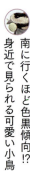

■和名・学名・分類は「日本鳥類目録 改訂第8版」を、英名・外国名などは、「2024. IOC World Bird List (v14.2)」を、レッドデータは「環境省レッドリスト2020」を参照しています。

■この本に掲載されている種の選定や各章への振り分けは、著者の観察や図鑑などの記述をもとに、東京都内で見ることのできる種や環境を基準としています。

■鳥のかかと（156ページ）から先を「足」、脚全体を「脚」と区別して表記しています。鳥が他者（鳥や人）から受け取るものを「餌《えさ》」、自分で得るものを「食料」や「食べ物」と表記しました。鳥の巣は、人間の家と役割が違いますが、ねぐらとしても使う場合に限り「家」という表現を使っています。多くの方に親しんでもらうため、専門用語や難しい用語はできるだけ簡単な言葉に置き換えています。

第1章

とにかく身近な鳥

スズメ

人の近くは争奪戦!? 最も身近な野鳥

日本の山野などに暮らすニュウナイスズメ

日本のスズメは、頬に黒い斑があるのが特徴

スズメたちはなぜ人の近くで暮らしたがるのか？　人の存在が天敵を遠ざけることや、人工物がスズメにとって営巣に適しているなど、さまざまな理由が考えられている

スズメは、『舌切りすずめ』などの昔話でも見られるように、古くから日本人に親しまれてきました。なぜなら一番、人の身近で暮らす鳥だから。春はサクラの蜜を吸い、冬はふっくら膨らんでと、可愛い姿が一年中見られます。ただ、身近すぎて「いて当たり前」と思われてしまうことも。でもスズメが、人の近くのポジションを奪い合っていると聞いたら、どうでしょう？　スズメが人のそばで暮らしているのは、彼らがその場所を死守した結果なのだとしたら…。

ヨーロッパには、スズメより少し大きな「イエスズメ」とい

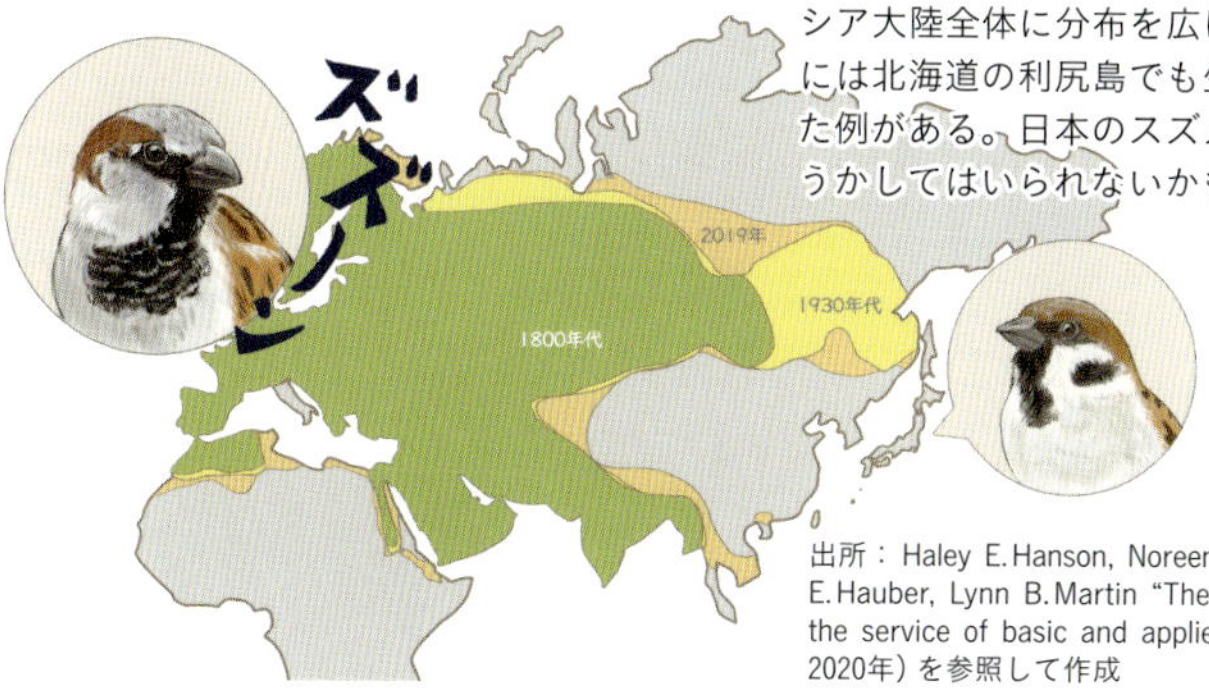

イエスズメは、1800年代ごろからユーラシア大陸全体に分布を広げ続け、1990年には北海道の利尻島でも生息が確認された例がある。日本のスズメたちも、うかうかしてはいられないかも!?

出所：Haley E.Hanson, Noreen S.Mathews, Mark E.Hauber, Lynn B.Martin “The house sparrow in the service of basic and applied biology”（*eLife*、2020年）を参照して作成

う鳥がいます。その名の通り、民家の近くに住むスズメの仲間です。一方、我らがスズメの学名は「*Passer montanus*」、直訳すると「山のスズメ」。そうです、ヨーロッパだと、スズメは山手に追いやられているのです。ほんの200～300年前までは民家の近くで暮らしていて、のちに侵入してきたイエスズメに追い出されてしまったとか。一方、日本には「ニュウナイスズメ」という、スズメより少し小柄な鳥がいます。山野に住むスズメの仲間で、人の近くではあまり見かけません。

　スズメ属の鳥には、「人のそばで暮らせるのは1種のみ」という〝決まり〟があります。イエスズメもスズメもいない地域では、ニュウナイスズメやスペインスズメなどが人のそばで暮らしています。スズメたちが、競うようにして人の近くに住もうとしていると思うと、親近感がわいてきますね。

スズメ
Passer montanus

スズメ目
スズメ科スズメ属

全長：約15cm

ハシボソガラス

まるで羽の生えた類人猿！数もかぞえる驚愕の頭脳

数を鳴き声で表現するハシボソガラス（左記の実験）。Enterキーで終了を伝えられるのにも驚き

水飲み場で、蛇口を操作し、目的に合った水量にするハシボソガラスが目撃されている。しかし、水を止めていかないので、水道代が大変なことになるのだとか

身近なカラスの仲間は2種います。主に、農耕地や河川敷、海岸などでよく見かけるのはハシボソガラス。地上を歩き回って食べ物を探している様子が印象的で、大都会ではあまり見かけません。都会でよく見かけるのはハシブトガラス。ハシボソガラスより少し体が大きく、鳴き声が「カー」と濁っていないのが特徴。また、微妙な色味の違いなどもあります（右図）。

ハシボソガラスといえば、器用で賢い鳥として有名で、公園の水飲み場で蛇口をひねって水を飲むなど、知的な行動がいろいろ確認されています。そして近年、〝数を声に出してかぞえられる〟ということまで判明しました。それは、ドイツのテュービンゲン大学で行われた実験から。3羽のハシボソガラスに四つの数字と、4種類の音の合図を出し、それぞれ、1、2、3、4の異なる回数の鳴き声を出すように訓練しました。つまり、3を示す数字や音に対して、3回鳴けば正解。そして、必要な回数を鳴き終えたら、Enterキーを押して終了の合図を出してもらったのです。正解するともちろんご褒美が！　すると、ほぼ完璧に正解することができました。また、数が増えるほど、答えるまでに〝間〟があったのだとか。これは、鳴き始める前にカラスが返答を検討している時間だと考えられています。また、何回鳴くのかまで、事前に決めているようなのです。恐るべしハシボソくん。数を音声で表現できるというのは、人以外で初めての発見となりました。

ハシボソガラス
Corvus corone

スズメ目
カラス科カラス属

全長：約50cm

ハシブトガラス

都会派カラスは ヒナの時から社会勉強？

クルミを車にひかせるハシボソガラス（右下）と、そばでじっと見ているハシブトガラス。危険なことはハシボソにやらせて、美味しいところだけ持っていくつもりなのかも

カラス類は、まだうまく飛べないうちから巣立ちをする。いろいろな経験をして、一人前のカラスに育っていく

私たちには同種の鳥がどれも同じに見えるが、集団で暮らす鳥の一部は、お互いの顔や鳴き声で個体識別をしていると考えられている

都会でよく見かけるカラスは、このハシブトガラスです。前項のハシボソガラスと比べて嘴《くちばし》が太く、下に大きく湾曲しています。ハシボソガラスが〝知的で器用〟な印象を持たれるのに対し、ハシブトガラスはゴミ漁りなどで、〝迷惑な鳥〟という不名誉なレッテルを貼られがち。ただ、ハシボソガラスがクルミを車にひかせて割ると、それを横取りするなど、ちゃっかりした面もあり、知的な一面ものぞかせます。

一方で、ハシブトガラスは、仲間の絆が強い鳥としても知られています。パートナーとは一生添い遂げるとも言われ、一方が事故などで亡くなると、死骸のそばから離れずに嘴でつつく行動も確認されているのだとか。

また、若い個体は群れで暮らしています。この群れは固定されておらず、メンバーや個体数が柔軟に変化。そこには、個々を誰であるか認識し、同じ相手と何度も争わない工夫や協力関係が出来上がっているのです。

そんな社会的な行動は、なんと巣立ち直後の幼少期に形成されるという報告があります。北方四島の一つ、色丹島に設置されたマーリェ・クリリスキー生物保護区での調査によると、ハシブトガラスの親鳥はヒナの巣立ち後も子育てを続け、仲間との接し方などを教えているようなのです。そして、違う家族のヒナたちが、遊んでいる中で良い関係を育む様子も観察されました。これらが、仲間と力を合わせて生き抜くための原体験になっているのかもしれません。

ハシブトガラス
Corvus macrorhynchos

スズメ目
カラス科カラス属

全長：約57cm

ご近所のガキ大将？それとも乙女な珍鳥？

身近な鳥の中でも、存在感抜群なヒヨドリ。他の鳥を追い払ったり、大声で鳴いたりするので、見つけやすい

花に顔をうずめて、蜜をなめている様子はとっても可愛い。顔を上げると、嘴に花粉がついていてほっこりした気持ちになる

身近な鳥の〝にぎやか代表〟といえば、このヒヨドリをおいていないでしょう。「ヒーヨ、ヒーヨ」と元気に鳴きながら、いつも活発に飛び回っています。羽色は綺麗なシルバーグレーで、耳周りのえんじ色がワンポイント。ボサボサ頭が、活発なキャラクターによく似合っています。ヒヨドリは縄張り性が強く、同種でも他種でも、いつも追いかけ合っている印象。そのため、バードウォッチング中、「ヒヨドリがやってきて、他の鳥を追いやってしまった」ということもしばしばです。

ヒヨドリといえば、〝食いし

日本人には身近すぎる鳥だけど、よく見ると羽色も美しくエレガントなルックスをしている

昆虫や種子などを食べる鳥は多いが、キャベツなどの葉物野菜や花の花弁までなんでも食べる

ん坊〃というイメージもあります。昆虫、爬虫類、種子、果物、野菜まで。本当にさまざまなものを食べていて、鳥のヒナを食べたという報告もあるほど。このように〃活発で食いしん坊〃というイメージですが、実は乙女(?)な一面もあって、甘い花の蜜が大好きなのです。ウメやサクラ、そしてツバキの蜜も美味しそうに食べます。その時、嘴の周りに花粉をつけている様子は、スイーツ好きの無邪気な乙女といった感じです。

日本人にとって、ヒヨドリはすごく身近な鳥なので、「またヒヨドリか」という声もちらほら耳にします。気持ちはわかりますが、世界的には、日本、朝鮮半島、サハリンと限られた地域でのみ見られる鳥で、来日した海外のバーダー(野鳥観察家)さんたちに人気の鳥なのだとか。「ヒーヨ、ヒーヨ」といつも元気なヒヨドリ。珍鳥かもと思うと、見る目が変わる気がします。

ヒヨドリ
Hypsipetes amaurotis

スズメ目
ヒヨドリ科ヒヨドリ属

全長：約28cm

ツバメ

ワールドワイドな旅人の地域で変わるモテ条件

ツバメの英名は「Barn Swallow」という。Barnとは納屋や家畜小屋などのこと。人工物に営巣するのは、日本だけでなく世界共通のようだ

ツバメはほぼ世界中で見られ、北半球で繁殖し、南半球で越冬する。そして昔から、人の暮らしと密接な関係を持って生活していると言われている

地域によって違う

ツバメ(♂)のモテ条件

ヨーロッパ

日本

北アメリカや中国

毎年、何千キロも旅をして、日本へ飛来するツバメたち。理由はもちろん子育てをするためです。民家や商店の軒先など、人の近くで子育てを行うツバメは、人間の存在を、天敵から身を守るために利用しているのではないかと言われています。

ツバメは、寒冷地や砂漠などの厳しい気候の地域を除く、世界中の広い範囲で暮らしており、多くの国でさまざまに研究されています。その中で面白いと感じるのが、〝ツバメのモテる条件〟です。メスはオスをどのような基準で選んでいるのか？　いろいろな国で研究され、地域によってモテる条件が違うということがわかってきました。

まず、ヨーロッパのツバメは、尾羽がより長く左右対称のオスほどモテるというデータがあります。

しかし、北アメリカや中国、日本などでは、否定的な結果が出ていて、北アメリカや中国では腹部の色が濃いオスほど、そして日本では、喉《のど》の赤い色が濃く、尾羽にある白斑が大きいオスほどモテると言われています。「なぜ、同じ鳥なのに、地域によってメスの好みが違うのか」。この理由については、いまだにハッキリ解明されていません。

しかし、牛舎などにコロニーをつくって繁殖することが多い欧米のツバメと、街中に散らばって子育てをする日本のツバメでは、環境も暮らしぶりも違います。こういった地域による暮らしや環境の違いが、メスの好みやオスの優劣に影響しているのかもしれません。

ツバメ
Hirundo rustica

スズメ目
ツバメ科ツバメ属

全長：約17cm

ムクドリ

駅前でいろいろ言われつつ、ひっそり役に立っています

顔が白っぽいもの、嘴の先が黒いものなど、それぞれ個性がある

自然は絶妙なバランスで成り立っている。鳥がいなくなると、虫が増えすぎて困ると予想される

人が暮らしやすい設計の街並み。鳥にとっても好条件となることがある

全国鳥類繁殖分布調査（2016～2021年）によると、ムクドリと同じように“農地”を利用するスズメも、急速に個体数を減らしていることがわかった。理由はハッキリしないが、農薬などの影響が心配されている

灰色がかった褐色と、橙色の対比が可愛いムクドリ。顔には白い羽毛がまじり、色合いがとても綺麗な鳥です。

平地林や農耕地、庭木や街路樹といろいろな場所で見かけますが、山地にはいません。そして、外敵から身を守るため、「集団ねぐら」をつくることでも有名で、駅前のケヤキ並木などが人気みたい。都会はビルも多く、夜間も灯《あか》りがついているため、外敵から身を守るのに適しているよう。この時、「ギュルギュル」と大きな鳴き声で鳴くので、騒音やフン害といった問題になることもあり、「害鳥」として有名になってしまいました。

しかし、江戸時代までは「益鳥」と呼ばれていたそうです。土佐藩の家老だった野中兼山は、「ムクドリには千羽に一羽の毒がある」と言いました。そうして、益鳥のムクドリを、捕らえて食べることを戒めたのです。実際に、農業害虫を大量に食べていて、今も「ムクドリがいなくなると、虫が増えて困る」という意見があるほど。また、果実も大好きで、「種子散布者」の役目も担っています。いろいろな果実を食べて、種子の含まれたフンなどをし、植物の分布拡大に貢献しているのです。都市生態系の中でも重要な役割を担っていると言われています。

そんなムクドリですが、2016〜2021年に行われた調査では、全国的に減少していることがわかりました。「人が困らない場所に、ねぐらを誘致できないか？」など、共存の道を探す必要があるようです。

ムクドリ
Spodiopsar cineraceus

スズメ目
ムクドリ科ムクドリ属

全長：約24cm

カワラバト（ドバト）

公園のハトにも歴史あり、柄にはいろいろ名前あり

大陸から持ち込まれたカワラバトが、平安時代には野生化し、民家の周りや神社仏閣などに住み着いていたという。この時代、白い鳩は「吉兆」であるとして珍重されていたとか

神社仏閣に多くいることから「堂鳩（だうばと）」と呼ばれるようになった。江戸時代に「堂鳩」が「土鳩」と変化したことが、現在のドバトの由来だと言われる

駅前や公園で、私たちが日にする機会の多い鳥がドバトです。ハトと聞いて一番にこの鳥をイメージする人も多いのではないでしょうか？　とても身近なドバトですが、実は外来種で、その起源は大和・飛鳥時代にまで遡ると言われています。中央アジア、アフリカ、ヨーロッパなどに広く分布している野生のカワラバトが、伝書鳩、レース鳩、食用などを目的に家禽化され世界中に広がりました。日本では、神事やイベントなどでの放鳥や、伝書鳩などが逃げ出したことで野生化したと考えられています。「ドバト」という名前は、野生

同じ地域に住む同種の鳥で、ここまでさまざまな羽色をした種は珍しい。近所のドバトには、“何柄”が多いのか調べてみるのも面白いかも

のカワラバトと区別するために使われている呼び名で、飼養品種の総称とされています。さまざまな品種改良が行われ、羽の色が多岐にわたるのが特徴で、その色彩は、細かく分類すると150タイプ以上になるというから驚きです。どうりで公園にはいろいろな色のハトがいるわけです。

多様な色彩を持つドバトですが、調査の結果、地域によってその割合が異なることがわかりました。「灰二引《はいにびき》」と呼ばれる〝原種カワラバト〟に似た柄のドバトは、東京より大阪の方が多いといいます。一方、黒胡麻や灰胡麻など「胡麻」と呼ばれる柄は、大阪より東京の方が多かったのだとか。「なぜ地域差が生じるの？」という問いの答えはまだハッキリしていませんが、伝書鳩などを交配する際の飼育者の好みや時代による羽色の流行などが関係しているようです。

カワラバト（ドバト）
Columba livia

ハト目
ハト科カワラバト属

全長：約33cm

キジバト

日本で最も分布が広い？夫婦揃ってミルクで子育て

よく耳にする「デーデーポッポー」という鳴き声は、求愛や縄張りを主張するためのものだと言われている。一方、「プゥプゥ」という音は「地鳴き」と呼ばれ、私たちの会話のような役目があると考えられている

素嚢《そのう》
一時的に食べたものを貯めておく場所

前胃《ぜんい》
消化液を出して消化する場所

砂嚢《さのう》（筋胃《きんい》）
食べたものをすりつぶすための場所

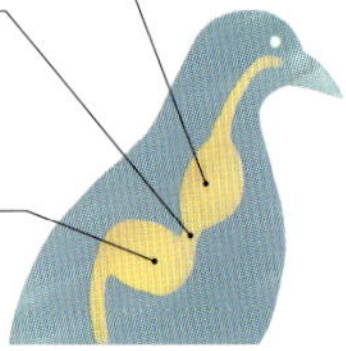

ピジョンミルクは、「素嚢」という器官でつくられるカッテージチーズ状の分泌物で、「素嚢乳」とも呼ばれる。ヒナは、親鳥の口の中に顔ごと突進するようにしてピジョンミルクをもらう

公園などでよく見かけるドバトと区別して〝ヤマバト〟と呼ぶ人もいますが、正式には「キジバト」。ハトの仲間で、「デーデーポッポー」と鳴く鳥といえばピンとくる方もいるかもしれません。近年は市街地でもよく見かけるようになりましたが、もともとは里山や山地林に多く、ドバトに比べて出会う頻度は低めでした。そのためヤマバトと呼ばれることもあるというわけ。しかし今では「日本で最も分布が広い鳥の一種」と言われています。時折、「プゥプゥ」と鳴くこともあり、素朴な存在感が魅力の鳥です。

キジバトは、繁殖期の長い鳥としても知られており、地域によっては一年中繁殖が見られるエリアもあるほど。これは、ハト類の独特の子育て方法が関係しています。多くの鳥は、ヒナに与える餌が豊富な時期に合わせて繁殖を行います。しかし、ハト類の場合、「ピジョンミルク」と呼ばれる栄養豊富な体液で子育てを行うので、季節に左右されることなく※、子育てができるというわけ。しかも、メスだけでなくオスも出せるというから驚きです。

そんなキジバトですが、一度に産む卵の数は通常2個で、一般的な鳥の中でも少ないことが知られています。一度に多くの卵を産んでも、外敵から子供たちを守りきるのは大変。そこで、1回の産卵数を減らし、繁殖回数を増やす戦略をとっていると考えられています。

※例外もあり、アオバトの繁殖期は、春から夏までだけだと言われる

キジバト
Streptopelia orientalis

ハト目
ハト科キジバト属

全長：約33cm

目からウロコの鳥目の話

〝鳥目〟という言葉があるように、夜目がきかないなど、〝鳥は目が悪い〟というイメージを持つ人もいるかもしれません。しかし、実は鳥はすごく目がいい生き物です。そのため、人には想像もつかない世界を見ていると言われています。

多くの鳥が、遠くにも近くにも自由に、かつ、すみやかに焦点を合わせることができます。空から小さな獲物や食べ物を見つけ出し、急降下して正確に飛びかかれるのはそのためです。

また、一部の鳥には、人が見ることのできない〝紫外線域〟が見えていることも明らかになっています。人より多くの色彩が見えているのです。さらに驚くのが、人よりもはるかに速く、視覚的な情報を処理できるといいます。高速で飛びながら、飛翔昆虫などを捕まえられるのはこのためです。高速道路を車で走りながら標識を見ると、少しぼやけて見えませんか？　鳥の多くは、猛スピードで通り過ぎる周りのもの一つひとつをしっかり視界にとらえ、細かいところまで見ることができるのです。

他にも、３６０度の視界を持つ鳥、同時に四つの異なる場所を細部まで見られる鳥、水中でもクリアに視界を保つ鳥などもいます。あなたの知らない世界を、鳥たちは見ているかもしれないのです。

第2章

街歩きで出会う鳥

モズ

剣の道の到達点？小鳥だけど狩りの達人

スズメより少し大きいということもあり、実際に間近で見ると想像より大きく感じるかもしれない

早贄《はやにえ》いろいろ

住宅地の庭木に早贄をつくることもある。秋から冬の時期に、探してみると見つかるかも

嘴が猛禽類を思わせるカギ状で、時にはスズメなど小鳥を狩ることもあるハンター。モズは「小さな猛禽」とも呼ばれる小鳥です。農耕地や河川敷など開けた環境を好み、木の枝など見晴らしのいい場所で獲物を探します。そして、獲物を見つけると飛びついて捕らえるのです。こう書くと本当に猛禽類のようですが、全長は約20cmでムクドリより小さな鳥です。

そして、モズといえば「早《はや》贄《にえ》」が有名。捕らえた虫や爬虫類などを、小枝などに突き刺してそのまま放置。なぜこんなことをするのかといえば、食料が

「鳴鵙図《めいげきず》」というわりに、
モズは鳴いていない

河原などでよく見かけるモズ。
宮本武蔵も河原に座って野鳥観察をしたのだろうか？

不足する冬季に備えた〝食料貯蔵〟と、メスに求愛をする際の〝栄養食〟という二つの意味合いがあるようです。実際、早贄を多く消費したオスほど、求愛のさえずりが上手だったとか。

　さて、『枯木鳴鵙図《こぼくめいげきず》』と呼ばれる一枚の水墨画があります。スッと伸びる一本の枯れ枝には、1羽のモズが止まっていて、まるで息を殺して獲物に狙いをつけているよう。そして、その枝を這い上がる1匹の虫。次に訪れる虫の運命を予感させる一瞬の静寂を、鋭く描き出した名画です。これは、大剣豪・宮本武蔵の作品。命がけで兵法(剣術)を極め、その鍛錬の一環として書画もたしなんだという武蔵だからこそ、描ききった瞬間なのだと感じます。そして、それがタカやワシなどの大きな猛禽類などではないことが、命のやり取りが身近に潜む畏《おそ》れをも感じさせるのです。

モズ
Lanius bucephalus

スズメ目
モズ科モズ属

全長：約20cm

オナガ

オシャレな羽色、長い尾羽…しかし声はダミ声です

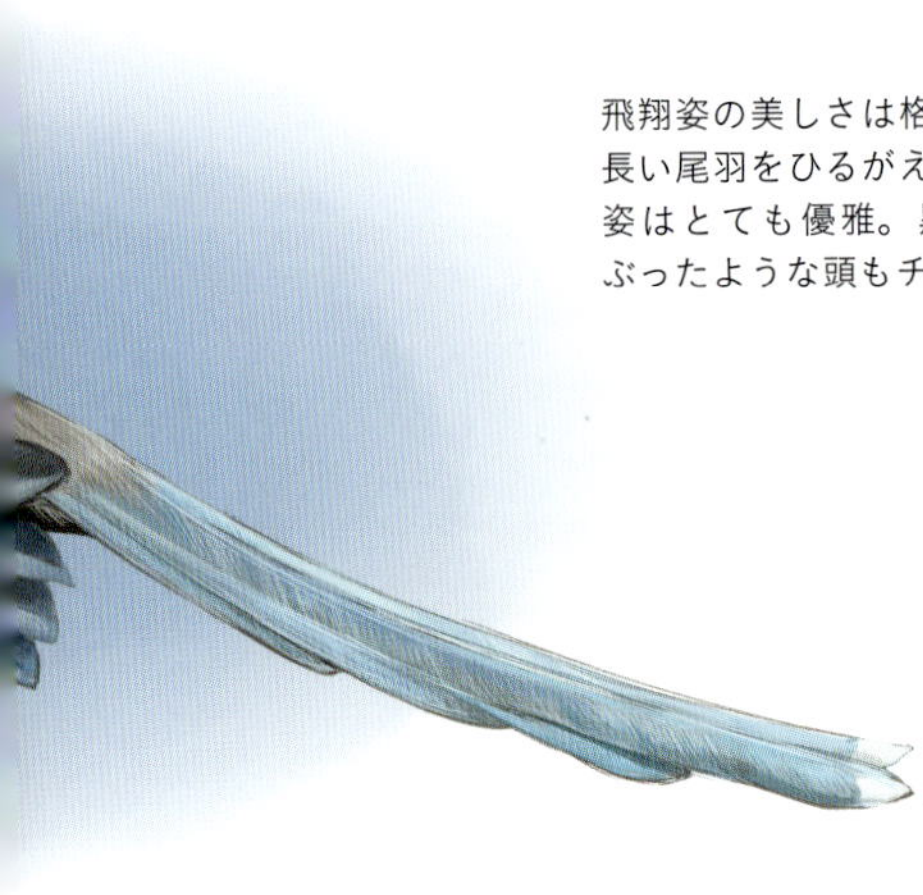

飛翔姿の美しさは格別。特徴でもある長い尾羽をひるがえすようにして飛ぶ姿はとても優雅。黒いベレー帽をかぶったような頭もチャームポイント

数羽から十数羽の群れでよく行動している。集団でしきりに鳴き交わす様子はとてもにぎやか

オナガは、中部地方以北の本州に局地的に生息する鳥ですが、庭木や公園など、人の近くでも見られる比較的身近な鳥の一種です。鮮やかなライトブルーが目を引き、ひらひらと長い尾羽をなびかせて飛ぶ姿は、何度見ても飽きることはありません。また、グループ行動をすることが多く、多い時は30羽近くが集まって飛び回っていることがあります。ヒヨドリほどの体格なので、集団になると存在感抜群。そしてこのルックスですから、さぞ夢心地な光景が広がると思う方も多いかもしれません。

しかし、実際に目にすると

大きさも見た目も違うが、オナガはスズメ目カラス科に分類されるカラスの仲間

オナガ
Cyanopica cyanus

スズメ目
カラス科オナガ属

全長：約37cm

幼鳥は白まじりのごましお頭で、まだベレー帽は完成していない

「ギューイ！　ギューイ！」とけたたましく大声で鳴いていることが多く、集団になるとその音量たるや。映画やドラマの効果音としてオナガの声が使われることがありますが、何か良からぬことが起きそうな不穏なシーンで重宝されている印象です。初めて見ると、このルックスと鳴き声のギャップに驚く方も多いようで、〝ダミ声紳士〟と呼ばれることがあります。

とはいえ、そのオシャレなルックスは、野鳥界随一と言っても過言ではないでしょう。しきりに鳴き交わしている様子も愛嬌を感じさせます。

シジュウカラ

文法駆使して みんなでおしゃべり

オスはネクタイのような胸のラインが太く、メスは細いので見分けがつく。また幼鳥は、おなかがやや黄色っぽく、胸のラインの色味も淡い

もっと研究が進めば、鳥の気持ちを理解できる未来がやってくるかもしれない

シジュウカラの文法

解明されているもの以外にも、さまざまな単語を組み合わせ、多様な文をつくっていることが予想される

シジュウカラは、最も身近な小鳥の代表格。白いほっぺが特徴で、胸にはネクタイのような黒いラインが入ります。小笠原諸島を除く全国で見られ、市街地、都市公園、平地や山地の林など、いろいろな場所で出会えるのも魅力。特に、春から夏にかけては「ツピ、ツピ、ツピッツー」と鳴き声がよく聞かれます。また、子育てを人の近くで行うことも多く、可愛い幼鳥に出会えるチャンスが多い鳥です。

さて最近の研究で、シジュウカラが人と同じように、単語を組み合わせてコミュニケーションをとっているということがわかりました。それまで、「言語を持つのは人間だけ」と考えられてきたので、科学者の間でも驚きの発見だったそうです。特に興味深いのは〝文法規則〟があったこと。例えば、「ピーツピ」という鳴き声は〝警戒しろ〟という意味のようで、この音声を聞くと周囲をキョロキョロと警戒します。また、「ヂヂヂ」という鳴き声は〝集まれ〟らしく、警戒することなく音声の方へ集まります。そして、この音声を組み合わせ「ピーツピ・ヂヂヂ」と聞かせると、周囲を警戒しながら集まってきたのです。面白いのが、「ヂヂヂ・ピーツピ」と順番を入れ替えると、警戒も集合もしなかったこと。つまり、語順を理解して文を把握しているようなのです。

175種類以上の鳴き声の配列があると言われるシジュウカラ。今後の研究で、さらに〝鳥語〟が判明するのが楽しみです。

シジュウカラ
Parus cinereus

スズメ目
シジュウカラ科シジュウカラ属

全長：約15cm

ヒバリ

平地の鳥と思ったら…火山でも子育て？

「ヒバリが高く上ると晴れ」ということわざがあるほど、ヒバリのさえずりは春の陽気を連想させる

ヒバリは、地上の草の陰などにお椀形の巣をつくる。天敵に場所がばれないよう細心の注意を払う

「ピーチク・パーチク」。春になると聞こえてくるヒバリのさえずり。「雲雀」とも書き、天高く鳴きながら飛ぶ姿がなんとも爽快です。春の心地に気持ちよく歌うので〝日晴り〟が転じて、ヒバリとなったとも言われています。冬は目立ちませんが、群れで過ごしています。そして、春から夏にかけては、主に平地の草原や河川敷で子育てをしています。しかし、最近になってヒバリの意外な一面が明らかになりました。なんと、活火山の山岳地帯で子育てをしていることがわかったのです。

　それまで、富士山や長野県の

スコリアとは、火山の噴火時にマグマが砕けて固まったもの。多孔質なのが特徴で、白っぽいものを「軽石」、黒っぽいものを「スコリア」と呼ぶ

調査として山を調べて歩き回るのはさぞ大変だっただろう

霧《きり》ケ《が》峰《みね》などでの目撃情報はありましたが、平地の鳥と思われていたこともあり、山地での繁殖実態は未解明でした。そこで、2018年から2021年にかけて全国で調査が行われました。すると、北海道の大雪山《たいせつざん》、長野県の草津白根山《くさつしらねさん》や浅間山《あさまやま》、栃木県の茶臼岳《ちゃうすだけ》、鳥取県の伯耆大山《ほうきだいせん》など、次々と標高2000m前後の活火山で子育てを行うヒバリが確認されたのです。火山とヒバリ。ちょっとワイルドな一面を見た気がします。

　これらの火山では、噴火による噴出物「スコリア」が山を覆っていて保水性にとぼしく、木々がうまく育ちません。しかし意外にも、ヒバリの子育てには好都合だったよう。なぜなら、平地でも、背の低い草がまばらに生えていて、ほとんど石や土がむき出しになっている環境を好むのですから。ヒバリは、未開拓な土地のパイオニア的存在なのかもしれません。

ヒバリ
Alauda arvensis

スズメ目
ヒバリ科ヒバリ属

全長：約17cm

足先まで羽毛が生える ぽっちゃり系ツバメ

気づきにくいが、趾《あしゆび》の先まで白い羽毛に覆われていて、モフモフで可愛い

近年、街で見られる機会が増えている

ツバメといえば、尾羽が長くスマートな体型、そして喉の赤い色がチャームポイントの身近な鳥です。しかし、そのツバメの仲間に、尾羽が短くぽっちゃりボディ、そして、モノトーンでシックな色合いの鳥がいます。それがイワツバメです。

外見だけでなく、巣をかけるところも違います。ツバメは、民家などの軒先に巣をかけますが、イワツバメは、平地から高山帯にかけての開けた環境に生息していて、水場が近い岩崖に巣をかけます。

しかし、近年ではイワツバメが人工物に巣をかけることも増

ツバメ

イワツバメ

ツバメと比べて、ずんぐりしたシルエット。尾羽も短いのが特徴

民家や商店などの軒裏に巣をつくる

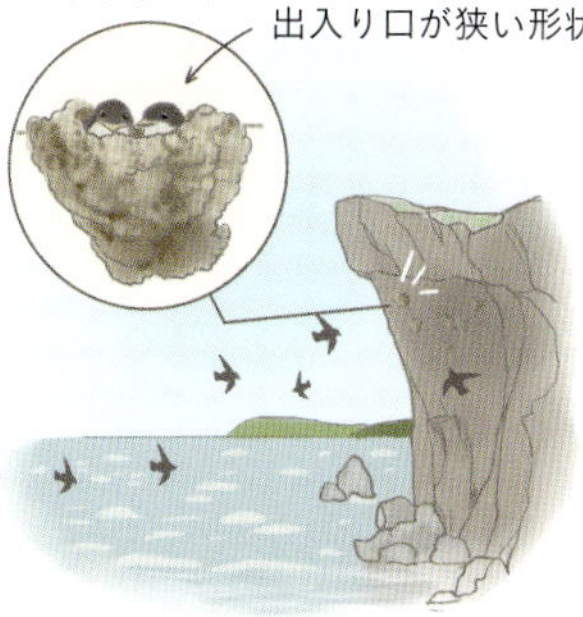

山地の滝や海岸など、水辺が近い岩壁、あるいは橋の下などに集団で巣をつくる

え、学校や旅館などのコンクリート建造物や橋の下などで子育てを見かけることが多くなりました。

街中でも飛んでいるのをよく目にするので、「ツバメかな？」と思ったら少しぽっちゃりしていないかをぜひ確認してみてくださいね。

イワツバメ
Delichon dasypus

スズメ目
ツバメ科イワツバメ属

全長：約13cm

コシアカツバメ

みんなが欲しがる 巣づくり名人お手製の家

顔と腰の赤色は、ツバメの喉元の赤色とも違い、やや浅めのレンガ色のような色味。頬からおなかにかけて入る、繊細な縦斑も美しい

スズメが利用

ワラや枯れ草を運びこみ、入り口を壊して広げることも

ヒメアマツバメが利用

羽毛や植物を唾液で貼りつける

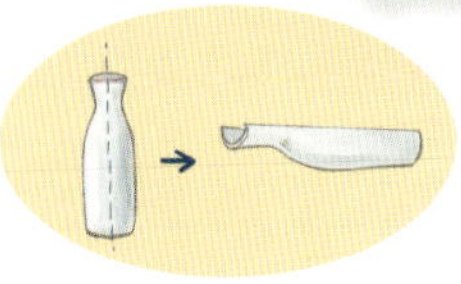

校舎や集合住宅など、コンクリートやモルタルを使用した人工的な建物を好み、集団で巣をかける。巣は“とっくり”を割ったような形

日本に飛来するツバメの仲間は主に3種。ツバメ、イワツバメ、そしてこのコシアカツバメです。4月ごろから飛来し、夏の間、日本で子育てを行います。ツバメが民家の軒先などで子育てをすることは有名ですが、コシアカツバメは団地や校舎などの大きな建物に巣をかけます。そして、農耕地や海岸などが近い市街地に多い印象。

その名の通り、腰が赤いツバメで、飛んでいるとその赤がよく目立ちます。止まって翼をたたむと腰が隠れてしまいますが、顔から胸の特徴的な縦斑を見ると、よくわかります。

もう一つ、ツバメとコシアカツバメを見分けるポイントが〝巣〟です。コシアカツバメの巣は、一見ツバメの巣によく似ていますが、入り口が横方向に狭く、お酒を入れる〝とっくり〟に似た形状。ツバメに比べ一手間かかっていそうで、こだわりを感じさせます。でも、ちょっと困ったことも。この巣が大人気で、他の生き物に奪われることがあるのです。有名なのがスズメとヒメアマツバメ。ただ乗っ取るだけでなく、自分好みにカスタマイズまでしてしまいます。ある調査では「冬の時期、この2種が一緒にコシアカツバメの巣に入って寝ていた」という報告まであります。

ツバメは子育てが終わると巣に戻らなくなりますが、コシアカツバメは子育て後も巣をねぐらに使うことが知られています。コシアカツバメの巣はすごく快適なのかもしれません。

コシアカツバメ
Cecropis daurica

スズメ目
ツバメ科コシアカツバメ属

全長：約19cm

ウグイス

日本が誇る歌声は父から学んだお国言葉

体の上面は渋いオリーブグリーンで、おなかはやや白みがかる。現代ではもっと明るい色をうぐいす色と呼ぶこともあるが、本来のうぐいす色はウグイスの羽毛のような暗い萌黄色《もえぎいろ》を指す

ヒナはまず、父のさえずりをじっと聞いて覚える。その後、練習を繰り返し、手本と類似したさえずりにしていく

人間には同じように聞こえる鳴き声でも、鳥たちは自分の仲間や固体の違いなどを識別していると考えられている

「ホーホケキョ」。春になると聞こえてくるこの鳴き声。ウグイスの鳴き声だということは、よく知られています。しかし、どんな姿をした鳥なのかを、知らない人も多いです。

というのも、笹藪や低木などの茂みの中にいてなかなか姿を見せない鳥だから。そしてこの地味な見た目、茂みに紛れて見つけにくいのもうなずけます。

そんなウグイスですが、地域によって〝方言〟があるようです。「ホーホケキョ」と一括りに表現されることが多いですが、よく聞いてみると「ホーホケピチョ」や「ホーホキャッ」など、さまざまな鳴き声に聞こえます。なぜこういった違いが出るのでしょうか？

ウグイスなどの鳴禽類《めいきんるい》、そしてオウム類、ハチドリ類といった一部の鳥は、学習によって鳴き方が上達します。幼い時にお父さんのさえずりをよく聞いていて、「ホーホキャッ」と鳴いていたら、子は真似して「ホーホキャッ」と鳴くというわけ。

そしてウグイスは、季節などによる移動をあまり行わない鳥です。これが何世代も続くと、徐々に地域によって鳴き声に違いが出てきます。

このように音声を学習する能力は、人やクジラ、コウモリなどの哺乳類と鳥類の一部だけが持つと考えられています。さえずり学習を行う鳥は、お父さんの鳴き声と違う鳴き声を聞き分けられるといいます。また、メスはパートナーの鳴き声に強く反応することも知られています。

ウグイス
Horornis diphone

スズメ目
ウグイス科ウグイス属

全長：オス約16cm
　　　メス約14cm

オオヨシキリ

男はつらいよ!? 一夫多妻のしわ寄せは…

オオヨシキリは、俳句や短歌の世界では、鳴き声に漢字をあてて「行々子《ぎょうぎょうし》」とも呼ばれ、夏の季語となっている

4月ごろ、河川や池のヨシ原で「ギョギョシ！　ギョギョシ！　ケレケレ」と大きな声で鳴き始める鳥がいます。とても鳥のさえずりとは思えないその声の主は、オオヨシキリ。春夏にだけ出会える小鳥です。

渡ってきたばかりの初夏は、オスたちの熾烈な縄張り争いが見られます。ここだ！　と決めた場所でとにかく鳴く。そして、他のオスがやってくると小競り合いをし、お互いに縄張りを確保。そして縄張り主張のギョギョシコール。これを繰り返すことで、強いオスほどいい場所を縄張りとしていきます。この

オスは、多いもので5羽のメスとつがう。求愛時は、さえずりの他、虫などの餌をプレゼントする「求愛給餌」を行う

繁殖の最盛期には、夜通し鳴き続けるほど、オス同士のメス獲得合戦は熾烈を極める！

オオヨシキリ
Acrocephalus orientalis

スズメ目
ヨシキリ科ヨシキリ属

全長：約18cm

夏の到来を告げるように、東南アジアから日本へ渡ってくる夏鳥。毎年、SNSなどで、各地から初確認情報が寄せられると、「夏が来る！」とワクワク

時期のオスはとにかく一日中鳴いていて、「ギョギョシ！　ギョギョシ！」と熱い声がヨシ原に響くのです。

　オオヨシキリは一夫多妻の鳥です。1羽のオスに対して2～3羽のメスがパートナーとなります。オスはメスに気に入られるよう、いい縄張りを確保し求愛のプレゼント作戦まで実行する徹底ぶり。しかし、15％ほどのオスは、全くモテずにパートナーが見つからないままだといいます。熾烈な争いの勝者がいる一方、涙を呑む者もいる厳しいシステムが、オオヨシキリの一夫多妻なのです。

セッカ

スピード婚にもほどがある？夏に響く「ヒッヒッヒッ」

関東地方より南では年間を通して見られるが、積雪が多い地方ではあまり見られない。寒い時期は、暖かい地域へと移動するものもいる

夏の夕暮れ時に、河原のヨシ原から聞こえてくる鳴き声は、私たちの郷愁を誘う

繁殖期には、さえずりながら飛ぶ姿がよく見られる。上昇しながら「ヒッヒッヒッ」、下降しながら「チャチャッ、チャ」と鳴く

「雪加」と書いてセッカ。すごく美しい名前ですが、由来はハッキリしていません。スズメよりも小さな小鳥で、草原や河川敷などで1年を通して見られます。といっても、藪の中にいることも多く、特に冬の時期はなかなか見られません。

このセッカが大活躍するのは初夏から夏にかけて。繁殖期になると急にやる気を出し、「ヒッヒッヒッヒッ」と独特の鳴き声で鳴き始めるのです。そして、繁殖期のオスは口の中が黒く変色し、舌まで真っ黒になるから驚き。この黒い口を大きく開けて鳴き続けます。

セッカは、一夫多妻の鳥として知られています。多いものだと一夫十一妻になった例もあったのだとか。オスは巣をたくさんつくり、メスがやってくると「チャチャッ、チャヤ」と鳴きながら求愛します。初夏になるといきなりやる気全開のセッカ、なぜ「雪加」と〝冬の名前〟がついたのか、すごく気になるところです。

一方、メスも負けていません。なんと、メスは巣立ちして約1か月で成熟し、早くも繁殖を開始することができるのだそう。つまり、1シーズンに2世代が誕生するというわけです。

この驚きの繁殖システムは、セッカの生息環境に関係がありそうです。セッカは河川の氾濫原や埋め立て地の草原など、突発的に出現するような環境を好んで暮らしています。この〝不安定〟な環境が、セッカをやる気にさせるのかもしれません。

セッカ
Cisticola juncidis

スズメ目
セッカ科セッカ属

全長：約13cm

メジロ

愛妻家のイクメンは歌ってばかりはいられない

うぐいす粉を使ったうぐいす餅と、メジロの羽色はそっくり。一方、きな粉を使ったうぐいす餅は、ウグイスにそっくり

メジロは、1羽でいるところをほとんど見かけないほど、パートナーといつも一緒に行動している

うぐいす餅という和菓子があります。あんこを求肥などで包み、うぐいす粉と呼ばれる〝青きな粉〟をまぶして仕上げる上品な黄緑色の和菓子。これと羽の色が似ていることから、ウグイスとよく間違われる鳥がいます。そう！　メジロです。目の周りが白いでしょ？

実は、本来のうぐいす色とは本家本元のウグイスのような〝くすんだ萌黄色〟のこと。うぐいす餅は、もともと、黄土色の〝きな粉〟をまぶしてつくられていたようです。

色以外にも、ウグイスとメジロにはいろいろ違いがあります。

夫婦間の連絡事項は、子供が巣立つと多くなるのかな？

メジロは子育てに奮闘し、鳴いている暇は多くなさそう

まず、ウグイスは一夫多妻の鳥ですが、メジロは一夫一妻。しかも、幼いころに夫婦となり、いつも夫婦一緒に行動するほど仲が良いことで知られています。そして、ウグイスのオスは、ほとんど子育てに参加しませんが、メジロのオスは、営巣、抱卵、育雛《いくすう》とフルサポート。どうですか？　イクメンのメジロ。以後お見知りおきを。

そんなメジロとウグイスですが、鳴く時間帯や頻度にも大きな違いがあるといいます。両種とも、夜明けとともにさえずり始めますが、メジロは早朝には鳴きやむのに対し、ウグイスはその後も鳴き続けます。これは、メジロが子育てで忙しいためだと考えられます。また、繁殖後期になると、メジロは「地鳴き」（さえずりではない、日常的な鳴き方）が増えるのだとか。これは、子育てのために夫婦間で連絡を多くとっているからではと考えられています。

メジロ
Zosterops japonicus

スズメ目
メジロ科メジロ属

全長：約12cm

コムクドリ

夏に南国より飛来、そして始まる巣穴争奪戦！

頬の赤茶色の斑は個体差があり、頬紅のように見えるものや顔全体に広がるものなどさまざま

近年、コムクドリの繁殖開始時期が早くなっていることがわかった。日本では、産卵時期が30年の間で約2週間も早まったという調査結果も出ている。温暖化の影響ではないかと考えられている

街路樹で「ギュルギュル」と鳴くのはムクドリですが、夏にだけ日本へやってくる小さなムクドリの仲間がいます。それがコムクドリです。クリーム色の頭に頬は赤茶色。背は紫光沢の黒、翼と尾羽は緑光沢の黒。まるでペンキを塗りたくったようなその見た目は、「本当にムクドリの仲間？」と思ってしまうほどカラフル。樹洞やキツツキの古巣などで子育てをします。

コムクドリは、子育てのためにはるばる日本へやってきますが、旅の疲れを癒やす間もなく、巣穴の争奪戦を繰り広げます。なぜなら、巣に適した樹洞は数

一度巣穴が決まれば、隣同士の争いごとはあまりない。ただ、お隣の留守中に他のオスがやってくると激しく追い払うことも

樹洞の利用をめぐって、一晩中取っ組み合ったり、血を流したりするケースもあるほど！

が限られているから。そしてオス同士の争いは激しめです。羽毛を膨らませて威嚇したり、蹴り合ったり、取っ組み合いの喧嘩をしたり、「子育てにはまず巣穴の確保じゃ！」と言わんばかりです。しかし、一度巣穴が決まると、お隣同士でほとんど争わなくなります。それに、採食場所が被ったりしても気にしないようです。このように密集OKなのは、限られた営巣場所を効率よく使うのに役立っていると考えられています。

　コムクドリが必死に奪い合う巣穴ですが、実はもっと強力なライバルがいます。それがムクドリです。ムクドリも樹洞やキツツキの古巣を利用します。それに、年中日本にいるのですから、コムクドリよりも早く巣穴の確保ができるというわけ。体もムクドリの方が大きいため劣勢な状況のようです。毎年コムクドリを見かけるにつけ、応援せずにはいられません。

コムクドリ
Agropsar philippensis

スズメ目
ムクドリ科コムクドリ属

全長：約19cm

ジョウビタキ

近年日本で繁殖中？換気扇フードが大好き？

オスは、おなかのオレンジ色に加えて、銀色の頭が美しい。翼には紋のような白い斑が入る。それにしても、冬の膨らんだ小鳥は可愛すぎる

メスは、全体的にグレーがかった茶色でお尻のあたりはオレンジ色、翼にはオスより控えめに白い紋が入る。目が大きくて、おっとりした印象でとても可愛い

夏にシーズンオフのスキー場や避暑地へ出かけると、子育て中のジョウビタキに出会えるかもしれない

冬の鳥は寒さを凌ぐため、羽毛に空気を含んで膨らんでいます。つまり、自前のダウンコートを着込んでいるというわけで、この様子がすごく可愛い。そんな鳥たちの中でも、異彩を放って愛らしいのが、ジョウビタキです。10月ごろ全国に飛来し、農耕地や河川敷などの明るく開けた環境で見かけます。住宅地でも普通に見られて、「ふっくら膨らんだ、オレンジ色の小鳥が庭先に！」という素敵な出会いもあるほどです。

そんな冬のアイドル、ジョウビタキですが、近年、夏の繁殖期にも日本にとどまるものが増えているといいます。その滞在先は、なんと別荘地やスキー場。標高が高く、程よく切り開かれ、それでいて樹木も十分に残っている。そんな環境がジョウビタキの子育てには適していたようです。そして面白いことに、営巣場所は換気扇フードや、車庫などの人工物が多いのだとか。さらに驚くのが、人が住んでいない家屋より、人が住んでいる家屋を好んでいるようなのです。まだまだ調査は必要なようですが、ジョウビタキが外敵から身を守るために、人の存在を利用しているのではと考えられています。

ジョウビタキ
Phoenicurus auroreus

スズメ目
ヒタキ科ジョウビタキ属

全長：約14cm

換気扇フードの中は、巣が捕食者に見つかりにくいことが利点のようだ

イソヒヨドリというよりイワツグミ？

2000年ごろから駅前のビル街などでも繁殖が確認されるようになった

メスはオスと違い、全体がグレーっぽく、ウロコ状の模様が印象的。この渋い色味で、よりツグミの仲間に似ていると感じる

海辺の岩場などで見かけることが多く、明るい青色と朱色が印象的な美しい鳥、イソヒヨドリ。近年は生息域を広げ、海から離れた都市でも見られることが増えました。都市では耳馴染みのない「ヒーリョヒーリュリュ」と、とても心地の良い歌声を聞かせてくれることもあります。

ところで「磯鵯（イソヒヨドリ）」という名前ですが、磯にいるヒヨドリに似た鳥ということでつけられました。しかし、実際はヒヨドリとは近縁ではなく、ヒタキ科ということで、ルリビタキやジョウビタキなどに

海外の鳥類情報サイトなどでは、山岳地帯や内陸の渓谷、山の採石場、海岸沿いの岩崖などで見られると紹介されている

どっちに似てる？

ヒヨドリ
スズメ目ヒヨドリ科
ヒヨドリ属

ツグミ
スズメ目ツグミ科
ツグミ属

以前、ツグミとイソヒヨドリは同じ「スズメ目ヒタキ科」に分類されていたが、2023年発表の日本鳥類目録で、ツグミは「スズメ目ツグミ科」に変更された

近い種です。また、近年までツグミがヒタキ科であったことや体の大きさからも、どちらかというとツグミに似ている印象を受けます。

さて、英名は「Blue Rock Thrush」といいます。直訳すると「青い岩のツグミ」、さらにこれを略すと〝イワツグミ〟。そして海外では、どちらかというと山にいるイメージが強いようです。

そう考えると、近年、都市部に生息域を広げているというのも納得できる気がします。というのも、海岸や山地の岩崖に巣をつくるハヤブサも、近年は都市のビルなどに巣をつくるようになったからです。これは、ハヤブサが巣をつくるのに適した崖が減っていることが原因の一つと考えられています。もしかしたら、イソヒヨドリも似たような理由で都市部に進出してきているのかもしれません。

イソヒヨドリ
Monticola solitarius

スズメ目
ヒタキ科イソヒヨドリ属

全長：約25cm

ハクセキレイ

できれば飛ばずに済ませたい、しかし飛ぶのも上手です

夏の時期は、水辺に飛ぶ昆虫を追う様子がよく見られる。長い尾羽をひらひらひるがえす姿はとても美しい

スズメは、ピョンピョンと地面を移動し、人が近づくと飛んで逃げる。しかし、ハクセキレイは、絶妙な距離感でスタスタ走って逃げる

コンビニは、人にとってもハクセキレイにとっても、どこにでもある便利な場所なのかもしれない

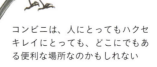

白と黒のコントラストが美しく、街中でもよく見かける、人気のハクセキレイ。コンビニエンスストアの近くに姿を見せるので、〝コンビニ鳥〟と呼ばれることも。なぜコンビニにいるのかといえば、お菓子の食べ残しや、照明に集まる虫を目当てにやってきているのだとか。案外人の近くに寄ってくることもありますが、こちらから近づくと、スタスタと走って逃げていきます。

鳥という生き物は飛んでいる時間より、木や地面に止まっている時間の方が圧倒的に長い生き物です。実は、飛ぶという行為はすごく疲れるらしく、飛ばずに済むなら飛ばない方が楽。特に、ハクセキレイのように地面を走れる鳥は、スズメのようにホッピングする鳥と比べ、できれば飛ばずに済ませようとする傾向があるように思います。〝虫に駆け寄って捕まえる〟場面もよく見かけるほどです。

「飛ぶのが下手なんじゃないの？」と思う方もいるかもしれませんが、ハクセキレイはとても飛ぶのが上手な鳥。

それを象徴するのが、他の鳥と比べて特別大きい「三列風切羽」です。この羽は翼の付け根に生えていて、飛ぶ際の気流を整える重要な役割をしていると言われています。そして、長い尾羽も特徴的で、急旋回や急ブレーキ、低速飛翔などに向いているのだとか。空中を自由自在に飛び回る姿は、とても地面をスタスタ走り回る鳥とは思えないほどです。

ハクセキレイ
Motacilla alba

スズメ目
セキレイ科セキレイ属

全長：約21cm

タヒバリ

高地で子育てするオスは侵入者にも大らかみたい

水辺を歩き、食べ物を探し回っている様子がよく見られる。
“地味野鳥マニア”としては、見つけると嬉しくなる鳥

タヒバリは、ヒバリの仲間ではなくセキレイの仲間。冬の間を日本で過ごす冬鳥で、農耕地や河原、海岸沿いなどの開けた環境で見つけることができます。水辺を歩き回って、尾羽をぴょこぴょこ動かしている様子は、セキレイの仲間ならでは。すごく似ている「ビンズイ」という鳥がいますが、ビンズイは松林や亜高山帯の針葉樹林に住んでいるので、一緒に見かけることはほぼありません。

タヒバリで面白いのが、スペインのとある研究※。スペイン北西部のカンタブリア山脈では、標高1000〜2000mでタ

標高などの環境が、子育て行動に違いを生じさせるとは面白い

スペインの北側に位置し、東西に約300kmも連なるカンタブリア山脈。身近な河川敷で見かけるタヒバリの仲間が、こんな場所にもいるとは！

ヒバリの子育てが観察されます。そこで、ちょっとかわいそうな気もしますが、侵入者と勘違いさせる音声を、タヒバリの縄張り内で再生してみました。すると、標高が低いほど、積極的に音源に近づいて縄張り防衛をし、標高が高いほど積極的ではないという結果が出ました。これはどういうことでしょう？

　標高が高いと雪解け時期が遅くなります。すると、子育てのスタートが遅くなり、みんな一斉に開始することに。こうなると、オスたちは自分の子育てに精いっぱいで、パートナー以外のメスに、ちょっかいを出す余裕はありません。つまり、「自分が浮気する余裕がないのだから、他のオスもそうだろう」ということみたいです。研究者たちは、このような理由から、標高が高いほど他のオスの侵入に寛容なのではと考えています。

※調査対象は近縁種のヒガシヨーロッパタヒバリ

タヒバリ
Anthus rubescens

スズメ目
セキレイ科タヒバリ属

全長：約16cm

寒くなったら集団お見合い！
種子が好きな黄色い鳥

飛ぶ際に見られる翼の鮮やかな黄色は、古くから「ひわ色」と呼ばれ、日本人に親しまれてきた

「ヒエやアワを食べるからカワラヒワ」との説もあるが、さまざまな植物の種を食べる。ヒマワリの種が好きなようで、食害の報告例も

春から夏にかけて、住宅地の木や電線などでも「コロコロビーン」と可愛く鳴く姿が見られる

住宅地の電線に止まっていることも多く、とても身近なカワラヒワ。一見地味ですが、翼を広げると鮮やかな黄色が目立つ美しい鳥でもあります。よく集団で行動していて、一斉に飛び立つ様子は圧巻。黄色い小鳥の群れは見ていて飽きません。

そんな身近なカワラヒワは個性的な一面を持った鳥でもあります。まず特徴的なのが食事で、種子食を主とした食生活を送っています。人で言うとベジタリアンのような感じでしょうか？　一般的に、種子食を好む鳥でも子育てには昆虫食を用います。ヒナの成長には高タンパ

カップルの縄張り近くで、独身のオスがよくさえずったという報告も。不慮の事故などにより、パートナーを失ったメスをいち早く獲得するためだと考えられる

高い木などに複数のオスやメスが集まり、「集団誇示行動」を行う

勝者のオスがメスに求愛

カワラヒワ
Chloris sinica

スズメ目
アトリ科カワラヒワ属

全長：約15cm

クな食事が欠かせないからです。しかし、カワラヒワはヒナの時から種子食で育ち、生涯を通して種子を好んで食べているのです。

　また、パートナー選びもすごくユニーク。「集団誇示行動」と呼ばれる、〝集団お見合い〟のような習性が知られています。これは、目立った木などに集まり、オス同士が威嚇や攻撃を行ったり、メスへの求愛などを行う行動。ここで負けたオスは追い払われ、勝ったオスがメスとパートナーとなります。そして、たえず夫婦で行動を共にするようになり、子育てに理想的な場所を探し始めるのです。

ホオジロ

「一筆啓上!」だけじゃない バリエーション豊かな歌声

ホオジロは、明け方から鳴き始め、日中もずっとその声を聞くことができる。鳴き声は大きく、目立つ場所で鳴くので、すぐに見つけられる

鳴いているホオジロを見ていると、時々飛び立って虫を捕まえる時がある。鳴きながら“ちゃっかり”食べ物を探しているのかもしれない

mililie的 **日本三大聞きなし**

鳥の鳴き声を、人の使う言葉に置き換えて覚えやすくすることを「聞きなし」といいます。ホトトギスの「特許許可局」や、センダイムシクイの「焼酎一杯グィー」などが有名。そして、この2種に並び、〝日本三大聞きなし〟と呼んでもいいのでは？ と思うのが、ホオジロの「一筆啓上《いっぴつけいじょう》仕《つかまつ》り候《そうろう》」です。これを考えた人は天才だと思います。実際は、「チョッピー、チリー、チヨ」といった具合に鳴くのですが、一度「一筆啓上仕り候」と聞きなすと、そうとしか聞こえなくなります。

といっても、ホオジロは〝1羽として同じさえずりをするものはいない〟と言われています。しかも、各個体が膨大なレパートリーを持っているらしく、1日のうちでも、そのレパートリーを使い分けているのだとか。鳥は一般的に、〝鳴き声を聞いて個体識別をしている〟と考えられていますから、ホオジロが鳴き声のわずかな違いをどれほど聞き分けているか、想像できます。「一筆啓上仕り候」とは「簡単に申し上げます」といった意味なので、ホオジロの歌の複雑さを思うと可笑しく思えます。

ホオジロのさえずりは、〝縄張り宣言〟や〝メスへの自己アピール〟という意味合いがあると考えられています。春から夏の繁殖期に盛大に鳴くのも納得です。しかし、秋になってしきりにさえずることも。これは、冬に縄張りを離れる前に、翌年のための〝縄張り予約宣言〟をしていると考えられています。

ホオジロ
Emberiza cioides

スズメ目
ホオジロ科ホオジロ属
全長：約17cm

カシラダカ

緊張すると頭が立ちます、そして春はぽっちゃりします

夏は、頭と顔の一部が黒くなる。黒い冠羽を逆立てた様子も可愛いが、冬鳥のため日本で見られる機会は少ない。しかし、渡りの時期に見られることもあり、出会えるとラッキー

秋になると日本へ渡ってくる、カシラダカ。河川敷や農耕地など開けた環境を好み、都市公園でもよく見かける、冬のお馴染み野鳥でもあります。

カシラダカといえば、名前の由来にもなっている「冠羽」が目を引きます。興奮したり緊張したりすると、この頭頂の羽毛が逆立ちがち。そのため「頭高」と名づけられました。他の鳥も同じように逆立ちますが、カシラダカは特に緊張しがちなのでしょうか？　とりわけ印象に残るほど、逆立てています。

そんなカシラダカですが、春になると急激にプクッと太るこ

日本へは10月ごろに、繁殖地であるシベリアなどからやってくる。小さな体で3000～4000kmもの距離を飛ぶのは驚き！

体重が20～30％増えるということは、50kgの人が60～65kgになるということ。そう考えると、かなり大きな変化

カシラダカ
Emberiza rustica

スズメ目
ホオジロ科ホオジロ属

全長：約15cm

小さな草の種や、昆虫、幼虫、昆虫の卵などを食べている

とが知られています。調査の結果、20～30％も体重が増加していたのだとか！ そして、体重の増加分は全て脂肪量だということもわかりました。実は、春の大仕事である長距離の「渡り」に備えているのです。

渡りをする鳥たちは、春は夏の繁殖地へ、秋は越冬地へ移動します。日本で冬を過ごしたカシラダカも、春が進むと東シベリアやカムチャツカ半島へ向かいます。渡りは野鳥界の一大イベントですが、それにしても体重を30％も増加させるなんて。渡りの過酷さがうかがえるエピソードです。

オオジュリン

冬と夏ではまるで別の鳥。あなたはどちらがお好み？

ヨシの茎をむいて、中にいるカイガラムシなどを取り出して食べる

頭の羽毛は、根元が黒く先端はベージュ

冬に河原を散歩していると「パチッパチッ」と枯れたヨシ原から、何やら心地の良い音が聞こえてくることがあります。よく見てみると、スズメに似た小鳥がヨシの茎を一生懸命割っていることでしょう。オオジュリンです。オオジュリンは北海道や東北地方以北で夏の繁殖期を過ごし、冬は南方に移動して越冬する漂鳥で、ほぼ全国で見つけることができる鳥です。

オオジュリンで面白いのが、夏と冬では、まるで別の鳥のような見た目になること。冬は、少しスズメに似ていて、黒いあごのラインとクリーム色の眉斑

知らないと、違う鳥だと勘違いしてしまうほど、夏と冬では見た目が変わる

オオジュリン
Emberiza schoeniclus

スズメ目
ホオジロ科ホオジロ属

全長：約16cm

オオジュリンにある白い顎線《がくせん》がない。オオジュリンよりやや小柄で、背丈の低い草原を好む

コジュリン

が目立ち、なんだか優しい印象。一方、夏になると頭が真っ黒に変化し、頬の白いラインがなんとも凛々しく、力強さをも感じさせます。これは、頭の羽毛が摩擦ですり減り、羽毛の根元の黒い色が露出するから。人間で言うと夏は短髪になるというイメージでしょうか？ そして、繁殖が終わるころには冬用の羽毛に生えかわり、クリーム色のオオジュリンに戻るのです。

　また、似た種でコジュリンという鳥もいて、オオジュリンと比べ、夏の頭が真っ黒なのが特徴です。そのため〝鍋かぶり〟という異名を持っています。

ヒメアマツバメ

ぽっちゃり系飛翔の達人は フードボールで子育てします

ヒメアマツバメは、ツバメ類と違って一年中観察できる。冬でも街の上空を、集団で飛んでいることがある

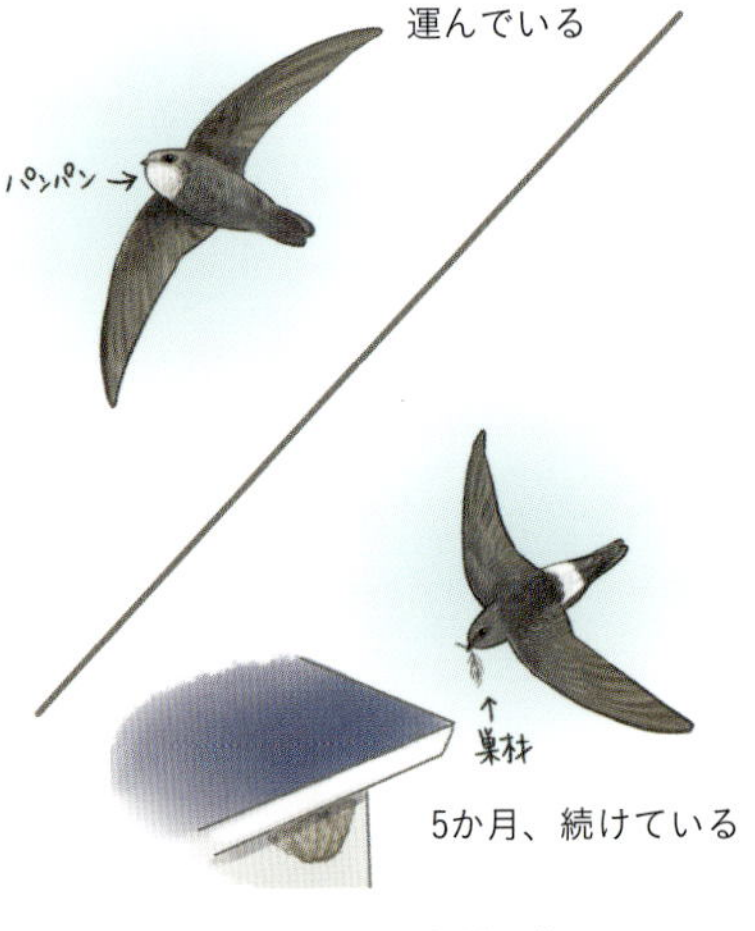

飛びながら空中にある巣材を集めるので、巣づくりに5か月かかることも。その巣での子育てにも約1か月半かかり、フードボールを運び続ける。長期戦！

日本で見られるアマツバメの仲間として、他にアマツバメとハリオアマツバメなどがいる。ハリオアマツバメは大柄で、世界で最も水平飛行が速い鳥として、ギネスブックに登録されている（時速170km）

アマツバメの仲間は、その名前から、ツバメの仲間と思われがち。しかし、分類上は、スズメ目のツバメと違って、アマツバメ目という全く別のグループです。鳥の中でも特に〝飛ぶ〟ことに特化したグループ。一生のうち、空中で過ごす時間がどの鳥類よりも長いと言われ、飛ぶスピードも随一。なんと、飛びながら睡眠や交尾までするものもいるほど。また、地上に降り立つことは稀で、脚はほとんど退化しているのだとか。雨を避けて飛ぶことからアマツバメと名づけられたと言われます。

そんなアマツバメたちの中で、国内最小種がこのヒメアマツバメです。もともと、日本で見られない鳥でしたが、1960年代に観察されるようになり、今では太平洋側の都市部を中心によく見かけるようになりました。鎌のような長い翼が特徴的な、喉と腰が白い鳥。そしてなんといっても、ぽっちゃりとした体格が可愛らしい。イワツバメに似ていますが、おなかが黒いので見分けがつきます。

そして、面白いのが、ヒナに効率よく食事を運ぶため、「フードボール」を使うこと。これは、空中で飛びながら捕まえた虫を、唾液で固めてボール状にした育児食。運ぶ親鳥は、喉を膨らませて一生懸命です。巣での子育ては約1か月半もかかり、小鳥としてはずば抜けて長いのも特徴。その間、親鳥は、何度も空中でフードボールをつくるのです。親心が詰まった、特製おにぎりみたいですね。

ヒメアマツバメ
Apus nipalensis

アマツバメ目
アマツバメ科アマツバメ属

全長：約13cm

世界中に勢力拡大。意外に行動範囲は狭い？

首に黒い輪っかが入るのがオス。日本で暮らす「亜種」(77ページ) は「ワカケホンセイインコ」と呼ばれている

ペットとして世界中に広がったホンセイインコ。ペットを飼う時は、責任を持った飼育が求められる

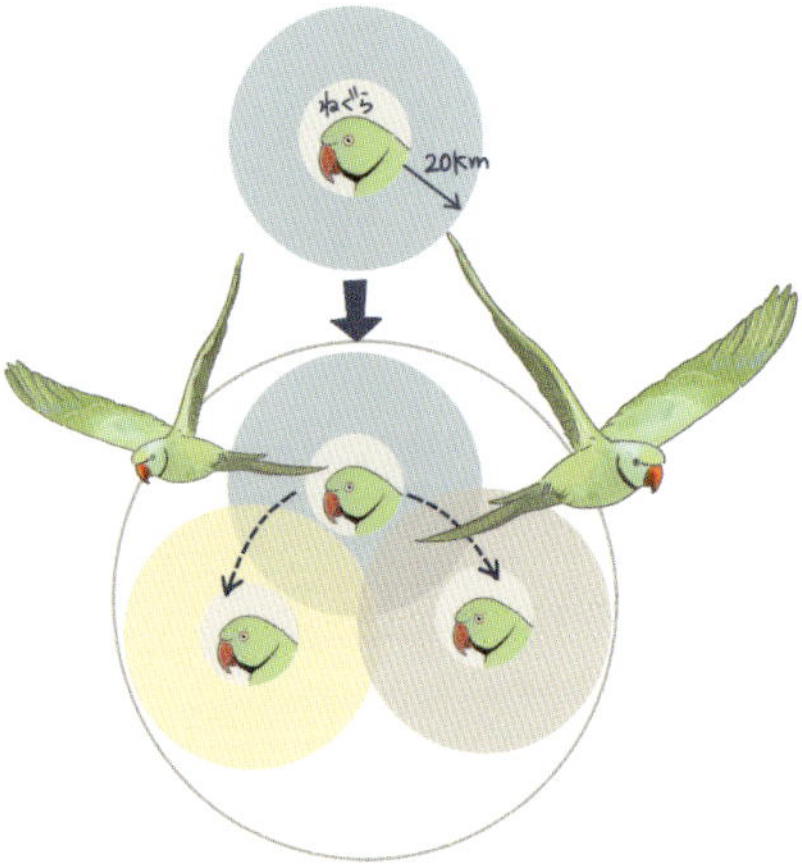

行動範囲は半径20kmほどと言われ、意外に狭いが、ねぐらが分散すると分布が広がる。一度定着してしまったものを“なかったこと”にはできない

ホンセイインコは、関東を中心に分布が広がっている外来種。本来は、インド南部やスリランカ、アフリカなどで暮らしているインコの仲間です。しかし、ペットとしてヨーロッパや日本へ持ち込まれ、放鳥や逃げ出したものが住み着いたと言われています。日本では、1960年代に野生化が確認され、関東の他にも名古屋、大阪、新潟などで記録があります。派手な黄緑色と赤い嘴が目に鮮やかで、「キャラキャラ」と大きな声で鳴くので、いればすぐに目に入るはず。初めて見ると、驚く人も多いと思います。

ホンセイインコは、外敵を避けるために、集団でねぐらをとることが知られています。ねぐらは主に、街路樹や大学構内などのイチョウ並木やケヤキの大木で、多い時には1000羽を超える数が毎日集結するのだとか。そして、駆除を目的とした〝追い出し〟によって群れが離散し、分布が広がったという指摘があります。ねぐらを中心に約20㎞移動できると言われるホンセイインコですが、ねぐらが一つであれば、それ以上分布が拡大することはなかったからです。とはいえ、近隣住民の方々は騒音にも悩まされており、兼ね合いが非常に難しいのが現状です。

ムクドリやスズメなどとの巣穴争いもあるといいますし、農作物被害も懸念されています。これらは全て、本来住んでいない生き物を、人間の手で持ち込むことで起こった問題です。

ホンセイインコ
Psittacula krameri

インコ目
インコ科ダルマインコ属

全長：約40cm

鳥を見て知る季節の訪れ

鳥たちの多くは、季節によって生活場所や暮らし方を変えています。夏は子育てのため、海を越えて日本へやってくる鳥たちも多くいます。冬は、寒さを乗り越えるためのさまざまな工夫が見られます。そして、春と秋は子育てや越冬の準備をする時期です。巣をつくり始めたり、冬に備えて食べ物を蓄えたり。だから、1年を通して鳥たちを見ていると、見られる種も見られる行動も、季節によって大きく違ってくるというわけです。

そういった鳥たちの変化に、人は注目し続けてきました。昔の暦の「七十二候」の中には多くの鳥たちが登場します。春は「雀始巣《すずめはじめてすくう》」といい、スズメが巣をつくり始める季節。そして「玄鳥至《つばめきたる》」は、ツバメが飛来する時期。秋は「鶺鴒鳴《せきれいなく》」でセキレイが鳴き始め、冬が近づくと「鴻雁来《こうがんきたる》」でガンたちが飛来し始めます。このように、昔の人々は鳥の姿を見て季節の変化を感じていたというわけです。なんとも素敵ではないですか。

ヒバリが鳴けば春の訪れを感じ、夏の河原ではオオヨシキリとともに汗をかき、モズが早贄をつくり始めると衣替えを始めて、冬はジョウビタキのように着膨れる。鳥のことを少し知ると、いつもの暮らしが少し豊かになったような気がしてくるから不思議です。

第3章

公園で見られる野鳥

ヤマガラ

南に行くほど色黒傾向!?
身近で見られる可愛い小鳥

開けた環境よりも、木々が茂る環境を好む。古い木がたくさんあるような場所を探してみよう

亜種オーストンヤマガラ

オリイヤマガラ

伊豆諸島南部に生息する亜種「オーストンヤマガラ」はとても色が濃い。石垣島に生息する「オリイヤマガラ」は長い間、亜種とされてきたが、近年、別種と認定された

「鳥は飛んでどこまでも行く！」と思うのは、早合点かもしれない

オレンジ色の羽色と、顔周りのクリーム色がとても可愛い小鳥で、「ニーニー」という鳴き声で存在に気づくこともあります。「ヤマガラ」という名前は「山雀」と書きますが、平地の樹林にも生息していて、都市公園などでも見やすい鳥です。日本列島、朝鮮半島南部、台湾と世界でも狭い範囲でのみ暮らしていて、移動性が低いと考えられています。季節によって生活場所を大きく変えたりすることはありません。

　ヤマガラで面白いのが、南方に住んでいるヤマガラほど〝色黒〟ということです。最も色黒なものは、顔周りがクリーム色というより、もはやオレンジ色。なぜこのような違いが生じたのか、理由はハッキリしていませんが、ヤマガラの住んでいる地域に〝島が多い〟ということが関係しているようです。

　日本列島には1万を超える島があると言われています。このように、多くの島があることで「地理的隔離」が起こり、長い年月をかけて羽色に違いが生じたと考えられます。実際、陸続きの場所には同じ色味のヤマガラがいて、地理的隔離が色の違いを生んだ原因の一つなのは間違いなさそう。ただ、他の鳥にも広く見られることではないので、移動性が低いヤマガラだからこそ、より隔離が強まったのかもしれません。

　都市公園でも気軽に会えるヤマガラですが、〝色黒なヤマガラ〟に会いに、南の島でバードウォッチングをしてみるのも楽しいかもしれません。

ヤマガラ
Sittiparus varius

スズメ目
シジュウカラ科ヤマガラ属

全長：約14cm

エナガ

シマエナガが大人気！だけど私も同じ種なんです

遠方に出かけなくても、木の多い場所であれば、わりと一年中見られる

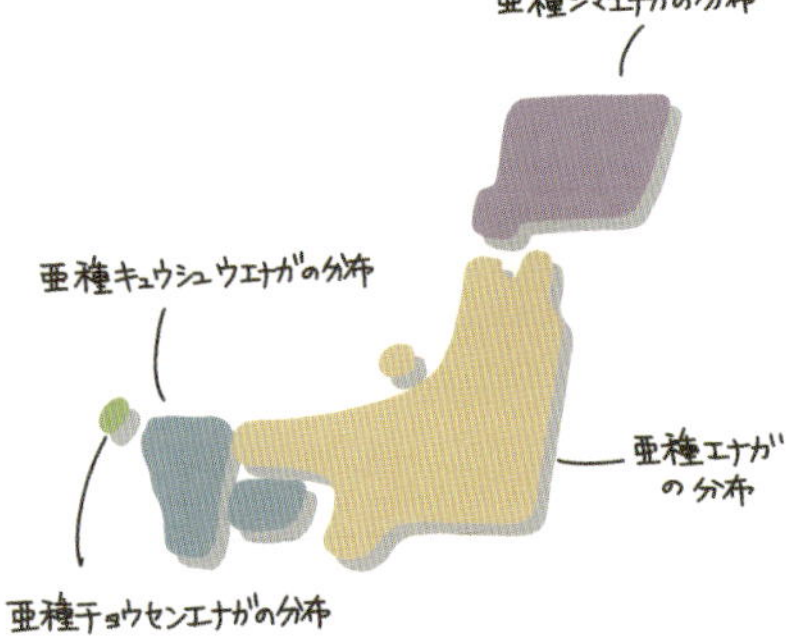

キュウシュウエナガ、チョウセンエナガ、エナガはとても似ているが生息地が異なり、いずれも留鳥

シマエナガ。正面からの写真やイラストが多いが、横から見ると、顔の眉斑を除き、エナガとほとんど変わらない

真っ白でモフモフな姿が人気のシマエナガ。まるでぬいぐるみのようなルックスで、「雪の妖精」とも呼ばれ、親しまれています。シマエナガは、主に北海道でしか見られない鳥ですが、実は、日本で広く見られる同じ種の鳥がいます。

それがエナガ。すごく小さな小鳥で、長い尾羽が特徴的です。「ジュルリ、ジュルリ」と鳴きながら集団で木々を飛び回っています。シマエナガとの違いは黒い眉斑。そのため黄色いまぶたの色がよく目立ち、まるでアイシャドウを引いたようにも見えるのがチャームポイントです。

そんなエナガとシマエナガは、正確にいうと「亜種」といって、図鑑などでは「亜種エナガ」や「亜種シマエナガ」などと表記されています。亜種とは、同じ種の中でも生息地や季節移動などの行動パターンの違いによって、体の色合いや特徴の一部に差が生じたグループのこと。日本で見られるエナガはなんと4亜種もいます。

北海道に生息するシマエナガ、主に本州に生息するエナガ、九州や四国に生息するキュウシュウエナガ、そして対馬などに生息するチョウセンエナガ…。それぞれ体の色合いが違ったり、翼や尾羽の長さがわずかに違ったりと微妙な差があります。エナガは1年を通して同じエリアで暮らす留鳥です。そんなエナガだからこそ、長い年月をかけて少しずつ色や体格に違いが生じたのかもしれません。

エナガ
Aegithalos caudatus

スズメ目
エナガ科エナガ属

全長：約14cm

センダイムシクイ

そっくりさんがいっぱい！　だけど歌えば違いがわかる

下嘴がハッキリ黄色い
グレーの線、個体差あり

ムシクイ属の鳥たちは、どの種もそっくりで姿だけで見分けるのは至難の業です。日本ではセンダイムシクイ、メボソムシクイ、エゾムシクイなどが代表的で、3種とも夏に繁殖のため日本に飛来します。

そして、この地味な見た目。著者は「こんなの一生見分けられない」と嫌になってしまったことも。さらに、「当の本人たちはお互いを識別できるのだろうか？」と余計な心配までしてしまいました。

でも大丈夫！　この3種、見た目は似ていても鳴き声が全く違うのです。

センダイムシクイ
Phylloscopus coronatus

スズメ目
ムシクイ科ムシクイ属

全長：約13cm

ベテランでも見た目だけで判断するのは至難の業。さえずりや地鳴きなどの鳴き声が、識別の決め手となる

センダイムシクイは「チヨチヨビー」と鳴きます。よく「焼酎一杯グイー」と聞きなされますが、これが言い得て妙。特に「グイー」の部分は、そうとしか聞こえません。メボソムシクイは虫の鳴き声に似た「チョリチョリチョリチョリ」。そしてエゾムシクイは金属音的に「ヒーツーキー」と鳴きます。このように鳴き声が全然違うのです。一般的に、見た目が似ている鳥は、鳴き声に大きな差が出やすいことが知られています。我々人間と同じように、鳥たちも鳴き声を聞けば種を識別できるのかもしれません。

トラツグミ

UFO!? 妖怪?? 丑三つ時の怪しき声

全身に入った黒い横斑が、虎の模様に似ていることから虎鶫（トラツグミ）と呼ばれるようになった

トラツグミの鳴き声は、知らないと鳥のものとは思えない。この独特の鳴き声が、多くの人の想像力を掻き立てたのだろう

鵼《ぬえ》（左ページ）は「鵺」とも表記されることがある。京都市にある二条公園には、「鵺大明神」という祠があり、源頼政に射落とされた鵺を祀っているという

ツグミの仲間では日本最大で、なんとハトほどの大きさがあるから驚きです。トラツグミは、夏は標高の高い場所で子育てをし、冬は標高の低い場所で越冬をする漂鳥。都市公園の緑地でも姿を見ることができます。

繁殖期には、夜に「ヒョー」と不気味な声で鳴きます。この鳴き声が、まさか鳥の鳴き声とは思えない不気味さで、その昔、UFO説や幽霊説まで出たほどです。この声は、平安時代には、妖怪「鵼《ぬえ》」のものとして恐れられました。この話は、『平家物語』の巻第四「鵼」に収録されています。

丑三つ時、森からひとむらの黒雲が現れ、帝は毎晩うなされていました。そこで、武士の中から選ばれた源頼政が警護につくことに。やはり黒雲が現れ、その中に怪しいものの姿がありました。頼政が渾身の思いで矢を「エイッ」と放ったところ、見事命中！　駆け寄ってみると、頭が猿、胴体は狸、尾は蛇、手足は虎、そしてなんと、鳴き声が鵼[※1]に似ている生き物だったのです。これは不気味。『平家物語』では「恐ろしなども愚かなり[※2]」と記されています。この妖怪がのちに鵼と呼ばれるようになり、今に伝わったと言われています。

とはいえ、トラツグミは可愛い鳥です。枯れ葉の上でひょうきんなダンスを見せてくれることもあります。ぜひ一度、冬の都市公園で〝可愛い妖怪〟を探してみてください。

※1 トラツグミの古い呼び名
※2 「恐ろしいという言葉では表現できない」という意味

トラツグミ
Zoothera aurea

スズメ目
ツグミ科トラツグミ属

全長：約30cm

シロハラ

冬の地面で落ち葉と格闘？ガサゴソ音の正体は？

シロハラというものの、おなかの色は真っ白ではなくグレーがかっている。そして、頭はグレー、体の上面はオリーブ色と全体的に無彩色。下嘴とアイリングの黄色が控えめなアクセントになっている

世界的にも、この鳥は〝地味な鳥〟というイメージがあるようで、英名の「Pale Thrush」も、学名の「*Turdus pallidus*」も「色の薄い（青白い）ツグミ」という意味。そして、日本では、腹が白いからシロハラと呼ばれています。冬に全国的に見られる冬鳥で、平地から山地の森林で出会うことができ、木々の多い都市公園でも普通に見かけるお馴染みの鳥です。

しかし、この地味さが彼らの存在感をぐぐっと印象的にしています。空気の澄んだ静かな冬の森を歩いていると、「ガサガサ・ササササ・ガサッ！　ガサッ！」

ツグミの仲間を並べてみると、シロハラが「色の薄いツグミ」と言われる理由がよくわかる

とても地味な見た目だが、動きはかなり派手！　オーバーアクションにも見える動作で落ち葉と格闘していて、見ていて飽きない

明るく開けた場所よりも、薄暗い林の地面で見かけることが多い。薄暗い草陰からガサゴソと大きな物音が聞こえてきたら、恐怖心がわきあがる

シロハラ
Turdus pallidus

スズメ目
ツグミ科ツグミ属

全長：約25cm

と草陰から妙な音が聞こえてきます。この音がすごく大きいので「何か大きな生き物がいるのでは？」と、恐る恐るのぞき込んでもその正体はなかなかつかめません。なぜなら、それは地味な小鳥なのですから。

勢いよく落ち葉を左右にかき分ける、走って落ち葉に突進しては葉っぱを撥《は》ね飛ばす…。この音が、静かな森によく響きます。こうして、落ち葉の下に隠れているミミズなどの〝土壌動物〟を探していると言われています。草陰が大好きな地味な野鳥ですが、その食事シーンは、驚くほど、存在感抜群なのです。

アカハラ

冬は公園でチョロチョロ、夏の山の歌声マスター

おなかの色は赤というよりも、渋みのあるオレンジ色

地面の草陰をちょこちょこと動き回る

個人的に残念だなと感じるネーミングの鳥もいます。その代表格がこのアカハラです。腹が赤いからアカハラ。もう少しいい名前はなかったのでしょうか？

腹が白いシロハラと同じツグミの仲間で、「赤腹」「白腹」と、紅白揃ってめでたいのやら、残念なのやら…。冬には都市公園の草陰でチョロチョロしている鳥ですが、初夏の高原では美しい歌声を聞かせてくれるさえずりの名手でもあるからです。

ところで、鳥は「鳴管」と呼ばれる器官を使って鳴き声を出しています。人の声帯とは違い、

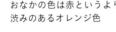

ビリーチャツグミ。南北アメリカに生息し、下草の茂る森林を好む。ツグミのように、少し動いては立ち止まり、辺りをじっと見渡すような動作を繰り返す

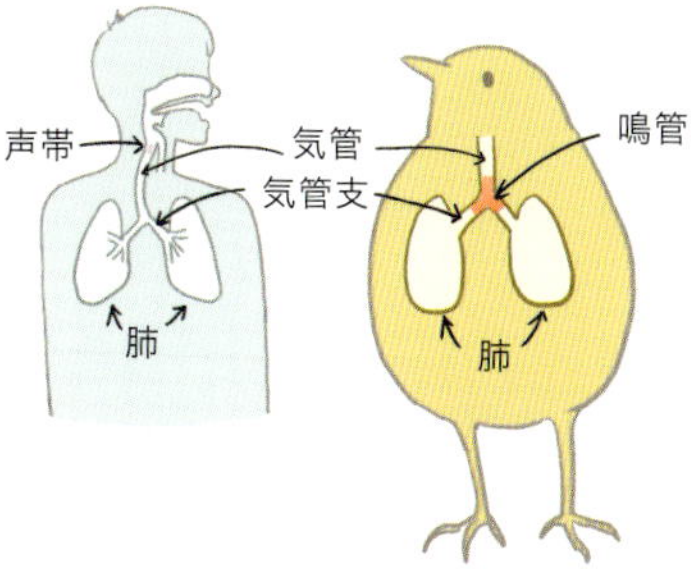

人の声帯・気管と、鳥の鳴管・気管はこのように異なる

気道の奥深く、左右の肺につながる2本の気管支と気管との分岐点にあります。

鳥たちは、この左右に分かれた鳴管をうまく使い、片方で高い音を、もう片方で低い音を出すことができると言われています。だからこそ、鳥たちのさえずりは複雑で美しいメロディになるというわけ。

特にツグミの仲間は両方の鳴管を巧みにコントロールしていると言われており、アメリカに生息するビリーチャツグミは、なんと同時に上昇メロディと下降メロディを歌えるというから驚きです。つまり事実上、1羽で和音を出すことができるということです。

そして、アカハラも高原の涼しげな鳴き声の代表格と言ってよいほどの美声の持ち主。この美声に絡めた名前をつけてあげたかったと思ってしまいます。

アカハラ
Turdus chrysolaus

スズメ目
ツグミ科ツグミ属

全長：約24cm

ツグミ

時折キリッと姿勢を正す 夏に口をつぐむ鳥？

1羽で地面を歩き回る様子をよく見かける。
時折、立ち止まり、キリッと胸を張る

「キャキャキャ」や「プリュリュ」
など、よく鳴き声をあげている

正面顔はいかつい

渡りの前は、集団で地面を歩いたり木に止まったりしている様子をよく見かける。集団になると、鳴き声がいっそう大きくなり迫力が増す

冬の都市公園を代表する鳥といえばツグミでしょう。10月下旬ごろ飛来し、冬の間、ちょこちょこと地面を歩き回る様子が見られます。4～5月ごろに、繁殖地へ渡っていく際は「そろそろ見納めかぁ」と切ない気持ちになってしまうことも。農耕地や雑木林、河川敷や公園など、さまざまな環境で見かける、冬の風物詩です。

ツグミの名前の由来には諸説あるのですが、『大言海※』には、「夏至の後、声が聞こえなくなる」ことから〝口を噤《つぐ》む〟が語源だと記されています。〝噤む〟とは口を閉じて黙ること。つまり、「冬の間聞こえていた鳴き声が、夏になると聞こえなくなる」というのが名前の由来だというのです。しかし、これに対して「別の鳥と間違えているのでは」という説もあります。それは「遅くても5月下旬ごろには旅立つツグミが、夏至（6月22日ごろ）にいるはずがない」、あるいは「『大言海』に記されているツグミの羽色などの特徴が、少し違う」といった見方によるものです。

とはいえ、冬にあれだけ見かけたツグミを、夏になるとめっきり見かけなくなるという寂しさだけは事実です。冬は単独で過ごすツグミですが、春の渡りの際は一度集合して集団で渡っていきます。その集団を見るにつけ、「キャキャキャ」という鳴き声が聞けなくなる寂しさがじっとわいてくるのです。

※1891年に完成した日本初の近代国語辞典『言海』を増補改訂。1932～1937年刊。特に語源などに詳しい

ツグミ
Turdus eunomus

スズメ目
ツグミ科ツグミ属

全長：約24cm

コサメビタキ

つぶらな瞳が可愛い、でも実は狩りの達人

「鮫」の名が似つかわしくないほど、小さくて愛らしい鳥。瞳を囲む太めのアイリングが、大きな目をさらに強調している

地味な色味で見つけにくいが、複雑な節回しのさえずりで、存在に気づくことがある。また、キビタキなどのさえずりの一部を真似ることも

和名は、その鮫の肌のような色から、コサメビタキ。「小鮫鶲」と書きます。英名を「Asian Brown Flycatcher」といい、ユーラシア大陸北東部で繁殖し、東南アジアやインドなどで冬を過ごす、主にアジアに生息する小鳥です。「Brown」とありますが、茶色というより淡い灰褐色。「Flycatcher」は、コサメビタキの狩りの方法に由来します。まずは木の枝などに止まり、じっと待ちます。そして、目の前を1匹の小さな虫が飛んだその瞬間、パッと枝から飛び出し、空中で上手に虫をキャッチ。この様子が「お見事!」と思わず

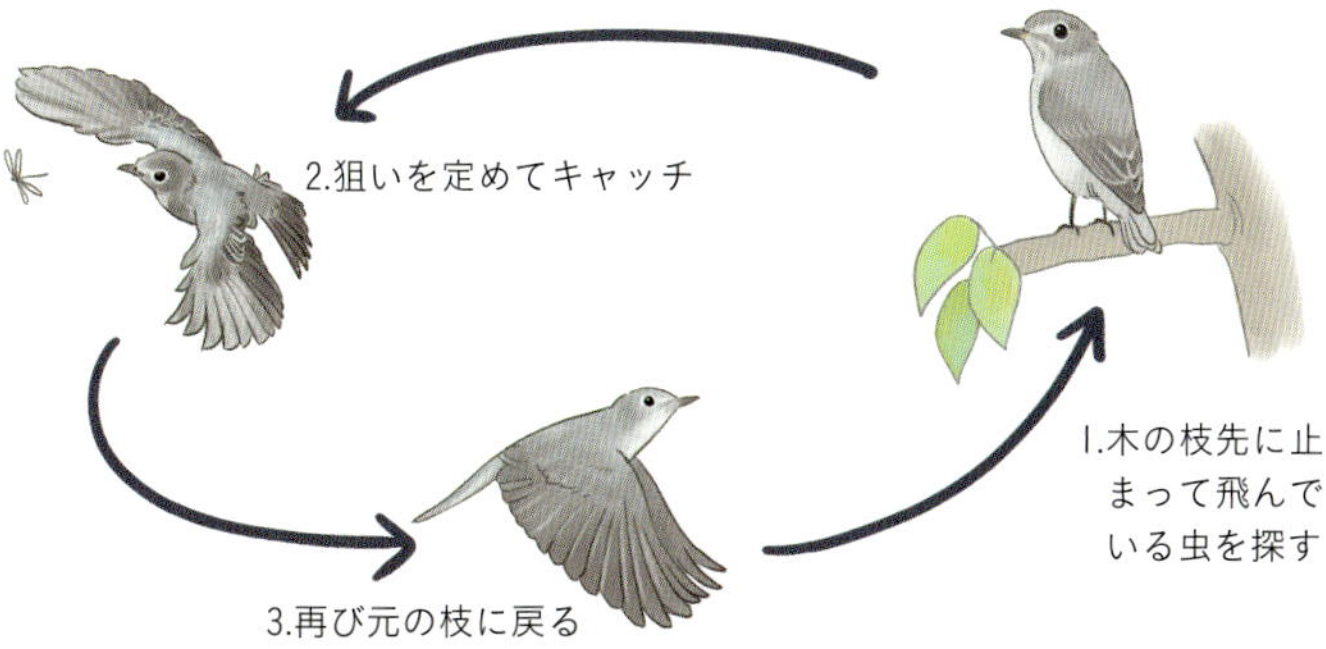
2.狙いを定めてキャッチ
1.木の枝先に止まって飛んでいる虫を探す
3.再び元の枝に戻る

飛んでいる虫を空中で捕らえる採食方法を「フライングキャッチ」といい、多くのヒタキ科の鳥が行うことが知られている

巣は、コケ類をクモの糸で編むことでお椀状に組み上げ、外側には営巣した樹木に生えているのと同じコケを貼りつける凝りよう

コサメビタキ
Muscicapa dauurica

スズメ目
ヒタキ科サメビタキ属

全長：約13cm

声を出しちゃうほどです。虫って結構素早く飛びますよ。その虫を、首を上下左右に動かしながら見失うことなく視界にとらえ、正確に飛びつくのです。

日本へは、夏の時期、子育てのために飛来します。主な繁殖地は山地の落葉広葉樹林。小さなお椀形の巣をつくり、そこからちょこんと顔を出すコサメビタキが可愛らしいです。

4月ごろや10月ごろは渡りの時期で、都市公園などにも立ち寄ってくれることがあります。目がくりくりとした、小さな狩人を、探してみるのも楽しいと思います。

キビタキ

黄色く美しい鳥は夫婦揃って喧嘩っ早い？

英名は、「Narcissus Flycatcher」。「Narcissus」はスイセンの花、「Flycatcher」はハエなどの飛翔昆虫を捕らえる鳥を意味する。その名の通り、オスの喉元はスイセンの花を彷彿とさせる

コジュケイ

ツクツクボウシなどの他、コジュケイの鳴き真似も上手

オスはメスより一足先に日本へ飛来し、すぐに縄張りの確保を始める。この時に、激しい争いが見られることが多い

黒とオレンジ色のコントラストが美しい、夏鳥の代表格。平地や山地の林で子育てをしますが、春や秋の渡りの時期には、都市公園などでも比較的見かけることの多い鳥です。キビタキといえば鳴き声が素敵で、「ピィーヨ、ポッピリリ、ポッピリリ」と声量豊かにさえずります。また、いろいろな鳴き真似をすることでも知られていて、他の鳥や、ツクツクボウシの鳴き真似も有名。鳥がセミの鳴き真似って面白いですよね。

姿やさえずりがとても美しいキビタキですが、繁殖地へ到着した直後の縄張り争いは、とても激しいものがあります。オス同士は追いかけ合ったり蹴り合ったり、腰の黄色い部分を膨らませて威嚇したり。時には、両者もつれ合い地面に落下しながら争うことも。その際、「ブーン、ブーン」とまるでスズメバチのような羽音を出したり、「パチパチ」と嘴を鳴らしたり。初めて見た時は「イメージと違う…」とびっくりしてしまいました。オスとメスの2羽で体格が倍近くもあるカケスを攻撃している姿を見たこともあります。当のカケスはあまり気にしていない様子でしたが…。

オスは、毎年同じ場所に縄張りを構えると言われています。もしかしたら、争っている相手は顔見知りかもしれません。一方、メスは毎年違う場所でパートナーを探すのだとか。毎年違う相手がやってくると思うと、オスの縄張り争いにも力が入るのかもしれません。

キビタキ
Ficedula narcissina

スズメ目
ヒタキ科キビタキ属

全長：約14cm

ルリビタキ

若輩者は目立たぬが得策！無用な争いは避けるべし

冬に見つけやすいことから、冬鳥のアイドル的存在のルリビタキ

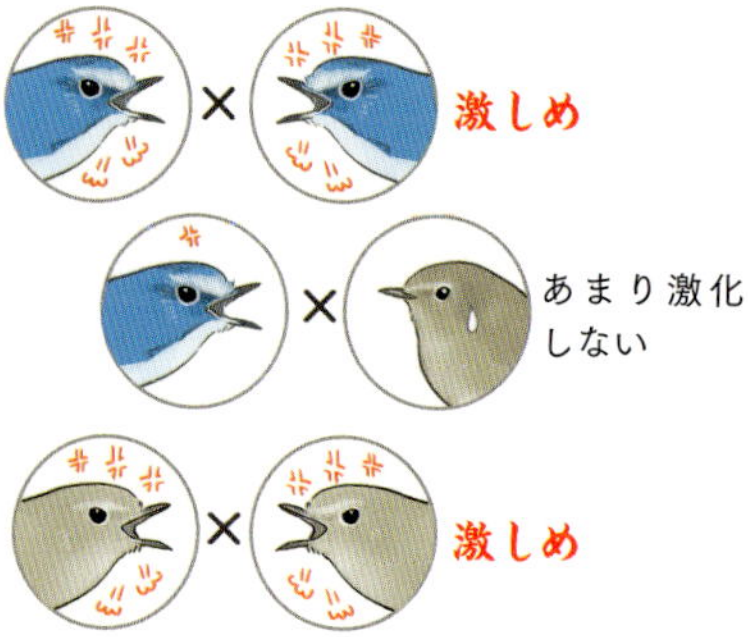

年長者には負けるかもしれないが、1年生同士の縄張り争いでは負けるわけにはいかない

1歳のオスは、すでに立派な大人で繁殖も行える年齢。しかし、羽の色は完全に青くなりきれておらず、2歳になってようやく鮮やかな羽色となる。この現象は、スズメ目では世界的にも珍しいという

ルリビタキは、青色と白色がとても爽やかで美しい小鳥で、わき腹のオレンジ色がワンポイントになっています。メスは少し地味ですが、白いアイリングがオシャレ。夏の繁殖期は高山の針葉樹林帯などで子育てをしていて、登山をしている人にはお馴染みの鳥かもしれません。一方、冬になると低地に降りてきて、都市公園などでも見ることができます。つまり、ルリビタキを探すなら、冬が狙い目というわけ。尾羽をリズミカルに上下に振る様子は、胸キュン、間違いなしですよ！

オスの美しさは、いつ見ても息を呑むほど。しかし、時々、地味めな褐色のオスを見かけることがあります。オスとメスのちょうど中間のような色味です。「なんか損したなぁ」と感じるかもしれませんが、実はとても珍しいので要チェック。これは、「羽衣遅延成熟」といって、繁殖できる年齢に達しても羽の色はまだ未熟という現象です。スズメ目ではとても珍しく、ルリビタキはその代表例と言われています。

ルリビタキのオスは、繁殖期に熾烈な縄張り争いを行います。その時、青いオス同士や褐色のオス同士では、突き合いなどの激しい喧嘩に発展することも。一方、青いオスと褐色のオスが争う場合は、追いかけ合い程度の穏やかな争いで済むことが多いのだとか。これは、羽色を見ればどちらが年上か一目瞭然、無駄な争いは避けようということみたいです。

ルリビタキ
Tarsiger cyanurus

スズメ目
ヒタキ科ルリビタキ属

全長：約14cm

アトリ

冬に咲く満開の花？見られたらそれはアタリ年

オスは頭が黒っぽく、胸のオレンジ色が鮮やか。アキニレやカラマツ、イロハモミジなど、さまざまな木の実を好む

メスは全体的に色が薄く、頭はグレーがかる

鳥の中には、食べ物を求めて季節による長距離移動を行うものがいます。どの時期にどの地域へ行けば、美味しく栄養価の高い食事に十分にありつけるのか？　それを熟知しているかのように旅する鳥たちは、国境を越えたグルメ通なのかもしれません。

アトリは、秋になると大陸から渡ってくる冬鳥です。集団で行動していて、急に群れで現れるという場面に遭遇することがあります。しかし、年によってはほとんど姿を見かけないということも。これはなぜかというと、大陸で十分な食料が確保で

群れで行動し、大きなねぐらでは数万羽の大群となることもある

きて、日本へ渡ってこない場合があるからです。そんなハズレ年※に、アトリの大好きなイロハモミジの実を見るにつけ「せっかく美味しい実がたくさんあるのに」と残念な気持ちになってしまうこともあります。

一方、アタリ年ともなると、大群のアトリを目撃することがあります。紅葉が終わり落葉したモミジの枝に、まるで、橙色の鮮やかな花が満開に咲くように集まっている様子は、「花鶏《あとり》」の漢字表記にふさわしい美しい風景です。

また、小さい群れが徐々に集まって大群となる様子も圧巻で、『日本書紀』には「天を覆うほどのアトリが北方へ飛んだ」と記載されているほど。この集まって飛ぶ様子から「集鳥《あつとり》」でアトリと呼ばれるようになったと言われています。

※バーダーの間では、飛来数の多い年を「アタリ年」、少ない年を「ハズレ年」と呼ぶ

アトリ
Fringilla montifringilla

スズメ目
アトリ科アトリ属

全長：約16cm

シメ

オラオラ系の強面野鳥？
だけど警戒心は強め

がっちりむっちりした体格に大きな嘴、そして
目先の黒い部分が強面の印象を強める

冬の都市公園といえば、このシメなしには語れません。10月ごろに飛来し、郊外の広葉樹林や、木々の多い都市公園でも見つけられます。嘴が太く、頭も体もむっちり太めで強面な印象。さらに、スズメより一回り大きな体格なので、存在感抜群です。しかし、鳴き声は意外と可愛く、「ピチッ」や「ツツッ」と控えめ。また、「シー」と高い音で鳴く時もあります。

シメといえば、やはり一番に目に飛び込むのが、その太くて立派な嘴です。種子の殻を割ったり硬い種をかみ砕くのに適しています。実際、シメを見てい

気が強そうに見えて、
警戒心は結構ある

立派な嘴を使って木の実を食べる。冬場は、樹上で食べているが、樹上に木の実がなくなる時期は、地面に落ちた木の実を食べることも

シメ
Coccothraustes coccothraustes

スズメ目
アトリ科シメ属

全長：約19cm

冬の公園で耳を澄ませてみると、
シメの存在に気づけるかも

ると「パキッ」と音をさせて木の実を食べていたり、嘴の中で種子をコロコロと転がすように、殻を割っていたりする様子を見かけます。なんでも、この嘴とあごの力は最大50kgにも達し、硬いサクランボやオリーブの種も割れるのだとか。つまり、まるでペンチのような役割をしているということです。

シメが他の小鳥を追い払う様子もよく見かけます。意外と野鳥界ではオラオラ系なのかもしれません。しかし、人への警戒心は強めですぐに逃げてしまう一面も。見かけたらそっと観察してあげてください。

イカル

世界遺産に響く美しい鳴き声が魅力

大きな黄色い嘴は、優しいベージュグレーの体色とあいまって、とても美しく見える

冬は数十羽の群れで行動する。集団で地面に降りて食事をする姿も見られる

イカルは大きな嘴が特徴的な鳥で、堅い実もバキッと砕いて食べます。そして、とても澄んだ声で「キーコーキー」と鳴くのが印象的です。これは夏の繁殖期に山地に行くと耳にする歌声。冬はというと、平地にも移動してくるので、都市公園などでも見かけることも。また、ぽっちゃりとした体型で、仲良さげに集団で行動している様子は、どこか愛嬌を感じさせます。

さて、姫路城とともに、日本で最初のユネスコ世界文化遺産に登録された法隆寺。建立当時は斑鳩寺《いかるがでら》と呼ばれ、聖徳太子が建立したと伝えられています。

法隆寺は607年ごろに建立され、1993年に「法隆寺地域の仏教建造物」としてユネスコ世界文化遺産に登録された。聖徳太子が建立したと伝わる

イカル
Eophona personata

スズメ目
アトリ科イカル属

全長：約23cm

イカルの大群をよく観察すると、「コイカル」が紛れ込んでいることがある。イカルより一回り小さい

このお寺の名前は、この地が当時から斑鳩と呼ばれていたことから来ているようです。そして斑鳩とはイカルのこと。では、斑鳩とイカルは、どっちが先だったのでしょう？ その答えはハッキリせず、「イカルがその辺りに多く住んでいたから地名とした説」と「もともと斑鳩という地名で、その辺りに多く住んでいる鳥を『いかるが』と名づけた説」の二つを目にします。

聖徳太子が「十七条憲法」の第一条に掲げた「和をもって貴しとなす」は、この鳥の仲睦まじい印象から生まれた言葉だという言い伝えもあるようです。

天神さまをハチから救った？ 口笛を吹く可愛い鳥

ウソの鳴き声を聞くと、本当に誰かが口笛を吹いていると勘違いすることがある

鷽替《うそかえ》神事で使用される
神具「木うそ」

暗闇の中、「替えましょ」「替えましょ」と声を掛け合いながら、木彫りのウソを交換していく。そして、前の1年についた嘘を天神さまが誠心と取り替えてくれたとして、最後に手にした木彫りのウソは家に持ち帰る

「嘯《うそぶ》く」という言葉があります。現代では〝知らないふりをする〟、あるいは〝強がって大きなことを言う〟といった意味合いで使われます。しかし、本来は〝口笛を吹く〟ことで、主に〝口笛を吹き、鳥などをだまして誘《おび》き寄せる〟といった意味合いがあるようです。

ウソは、「フィーフィー」とまるで口笛を吹いているような鳴き声を出すことから、ウソと名づけられたと言われています。グレーとブラックのシックな色合いにワンポイントの赤い色がオシャレな鳥で、冬になると運が良ければ都市公園などでも見かけることができます。

さて、ウソといえば「鷽替《うそかえ》神事」が有名です。全国の天満宮神社で開催される神事で、太宰府天満宮のものがよく知られています。この神事の由来には諸説あるのですが、その昔、菅原道真がハチに襲われた際、ウソが大挙してハチを食べて救った話や、天満宮を建てる際に虫が木材を食べて困っていたところ、ウソが大挙して現れ虫を食べてくれた話などが伝わっているようです。

ウソは、夏は標高の高いところで繁殖し、冬になると平地へ移動する他、国外から飛来する個体も多くいます。特に飛来数が多い年などは大挙して群れることもあり、強い存在感を放ちます。それで、その可愛いルックスや口笛のような鳴き声とともに、天神さまとのさまざまな逸話が残ったのかもしれません。

ウソ
Pyrrhula pyrrhula

スズメ目
アトリ科ウソ属

全長：約16cm

アオジ

占いができる？ 冬の都市公園の定番野鳥

藪の中をチョロチョロと動き回っていることが多い

オスとメスでは、顔の違いがまず目につくが、よく見ると、おなかの色味も違う

鵐（しとと／しとど）とは…

アオジ

ホオジロ

クロジ

ホオジロ、アオジ、クロジなどのホオジロ科の鳥を昔「しとと」と呼んでいた（現在は「しとど」とも）。主にホオジロを指していたようだが、のちにアオジを指すようになった

アオジは、夏の時期には高原や山地の森林などで子育てしていますが、冬になると都市公園などでもよく見かける小鳥です。「ジッ」とやや濁った鳴き声が聞こえたら、アオジが藪からひょっこり顔を出すかもしれません。オスは、目の周りが黒くてキリッと凛々しく見えるのが特徴的。一方、メスは黄色い眉斑があって少し優しい印象です。そして、全体的に黄緑色に見える鳥なので、初めて見ると「緑色のスズメ？」とびっくりする人もいるかもしれません。

　アオジは漢字で「青鵐」とも書きます。「鵐《しとと》」はホオジロの仲間の古い呼び名と考えられていて、室町時代ごろ、ホオジロは「ほほじろ」、アオジは「あをじとと」と区別して呼ぶようになりました。それが「あをじ」と簡略化され、今に至るということみたいです。「鵐」という漢字に「巫」と入るのは、巫女さんがこの鳥を占いで使っていたから、という説もあります。

　ところで、この鳥を見て「ちっとも青くないけど？」と思った方も多いはず。実は昔、緑色のことを「青」と呼んでいて「青菜」や「青信号」など、緑色のものを青と呼ぶ文化はいまだにたくさん残っています。

他にも青リンゴ、あおむしなどいろいろある！

アオジ
Emberiza personata
スズメ目
ホオジロ科ホオジロ属
全長：約16cm

コゲラ

ギーと濁った鳴き声はオスとメスの絆の証？

雌雄はほとんど同じ見た目だが、オスの後頭には普段はほとんど見えない赤い羽が隠れている

身近な鳥で、地味な印象を抱くかもしれないが、飛ぶと翼のかのこ模様が浮き立って美しい

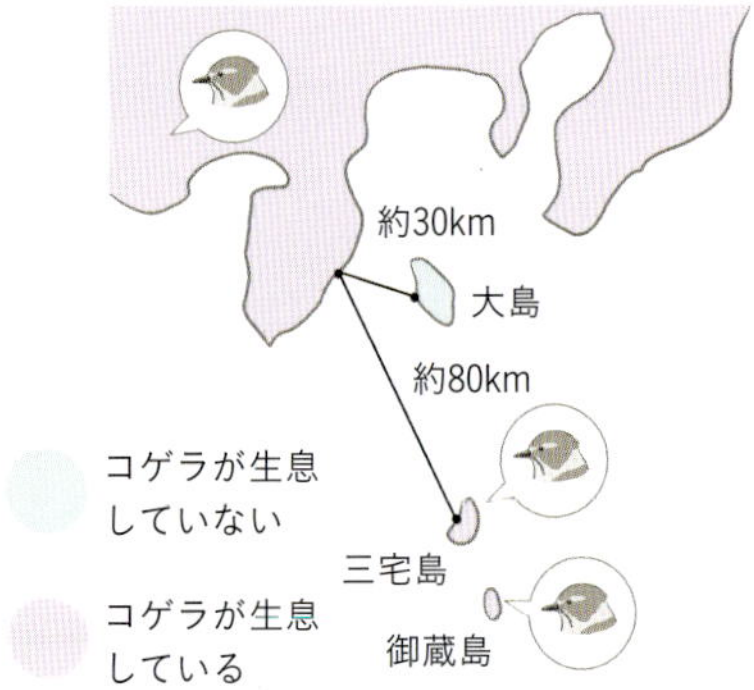

伊豆半島から80km以上離れている三宅島や御蔵島ではコゲラが見られるが、30kmほどしか離れていない大島では見られない

コゲラは、全国的に観察しやすいキツツキの仲間。しかし、佐渡島と伊豆大島にはなぜか生息していません。伊豆諸島では、本州から伊豆大島より遠い三宅島、そして御蔵島にも生息していることを考えると不思議でなりません。とはいえ、都市公園でも見つけやすく、バーダーさんにも人気の小鳥です。「ギーギー」という特徴的な鳴き方をするので、散歩中でもすぐに存在に気づくことができます。

コゲラといえば、いつ見ても夫婦仲がいいなと感じます。実際、パートナーになると卵やヒナの世話、巣穴を掘っている時などを除く、ほとんどの時間を一緒に過ごすと言われています。過去の観察記録では、3年連続で同じ相手とペアになった例もあったのだとか。

そして、「ギーギー」という鳴き声。特に、穏やかなトーンで鳴いている時は「ここにいるよ」と、お互いの存在や位置を確認し合っていると考えられています。また、子供を含めた家族行動の時にも、同じ鳴き声が使われているのだとか。「みんな声を掛け合いながら行動しような！」といった感じでしょうか？　その鳴き声が、私たちにも存在を知らせてくれるのです。

コゲラ
Yungipicus kizuki

キツツキ目
キツツキ科コゲラ属

全長：約15cm

コゲラは初夏に繁殖を行う。巣立った若鳥は、その後、約1か月以上親元にとどまるが、翌春の3月まで親の縄張りにとどまった例もある

アオゲラ

身近にこんなキツツキが？ 都市公園の日本固有種

赤と緑の対比がとても美しい。あまり移動せず、1年を通じて同じエリアで暮らす

オスは頭頂全体が赤いが、メスは後頭のみ赤い

アオゲラは、緑の鮮やかな色が印象的なキツツキの仲間で、珍しいと思われがちですが、実はとても身近な鳥でもあります。街路樹で営巣したこともあり、1日に5万人近くが利用する駅前で子育てした記録まであるから驚き！　実際、以前は森でのみ見かける鳥でしたが、1980年代以降、街中で見かけることが少しずつ増えてきました。これは、都市公園などの木々が大きくなって巣をつくりやすくなったり、枯れ木が増えて食料

驚くことに、人通りや車通りの
多い場所でも営巣することも

「ピョー！」と大きな鳴き声
をあげながら飛ぶことがある。
これで存在に気づくことも

アオゲラ
Picus awokera

キツツキ目
キツツキ科アオゲラ属

全長：約29cm

の虫が捕りやすくなったりしているためとも考えられています。

世界でも日本だけでしか見ることのできない日本固有種でもあり、本州から屋久島にかけて生息しています。面白いのは、日本本土から離れた島にはほとんど生息していないということです。

今、アオゲラが生息している地域は、約1万年前に終わった第四氷期に陸続きだった島のみなのだとか。そのころから日本の環境変化とともに生息域を微調整してきたであろうアオゲラ。今では都市公園でも繁殖するまでになった彼らを思うと、見つけた時の感動もひとしおです。

勘違いされた鳥の名前

鳥の名前の多くは、姿や習性、そして鳴き声などをもとにつけられていますが、中には由来がよくわからないものや、時代によって変化した名前も。そんな中、勘違いされたまま今に至るものがいくつかあります。

その一つがアカヒゲです。アカヒゲは、コマドリに似た鳥で、主に南西諸島と男女群島で見られる日本固有種。「赤髭」という名前のわりにはヒゲのようなものは見当たりません。これは、薩摩の人が「赤い毛（羽）の鳥が琉球にいるらしい」ということから、仮名で〝あかいけの鳥〟と書いて遣いを出したところ、琉球の人がこれを誤読して〝あかひげの鳥〟と勘違いしたことがきっかけなのだとか。もし誤読がなければ〝アカイケ〟になっていたのかも？

また、ブッポウソウという鳥は、「ブッキョッコー」という鳴き声が「仏法僧」と聞こえることから名づけられました。江戸時代には「念仏鳥」とも呼ばれ、霊鳥とされたのだとか。しかし、この鳴き声、1936年にフクロウの仲間のコノハズクのものと判明するのです。実際のブッポウソウの鳴き声は「ゲッゲッ」と、全く違います。鎌倉時代には、すでにこの名で呼ばれていたらしいので、800年近く勘違いされてきたということです。

第4章

猛禽類

ミサゴ

唯一無二の存在感！ついた別名は鳥の王

ミサゴが狩りを行う瞬間は、息を呑むほどの大迫力。大きな翼と美しい顔立ちもあいまって、“カリスマ性”を感じさせる

猛禽類のトップバッターはミサゴです。図鑑などでも、タカ目の一番最初に掲載されていることが多いのは、タカの仲間の中でも、この一種で「ミサゴ科」として独立しているから。お魚が大好き、つまり魚食性にほぼ特化していて、足の構造や狩りのスタイルなど、いろいろな点で他のタカ類とは一線を画します。そして、やはり水辺が好き。湖沼、河川、海岸などに生息していて、水辺の杭の上や木の上を探すと見つかります。

ミサゴの狩りは大迫力です。空中でホバリングしながら獲物を探し、見つけると一気に急降

世界中に伝承が残っている
ミサゴ。英名は「Osprey」

ゆっくり食事をしていると、カラスが
やってきて食料を奪おうとすることも

ミサゴは、タカ目タカ科に分類されていたが、
2012年にミサゴ科として独立

ミサゴ
Pandion haliaetus

タカ目
ミサゴ科ミサゴ属

全長：オス約54cm
　　　メス約64cm
＊準絶滅危惧

下。水面間際で両足を前に突き出して獲物を鋭い爪でつかむと、ワサワサと大きな翼を羽ばたかせて飛び上がるのです。爪は、猛禽類の中で最も湾曲していると言われていて、つかんだ魚を離しません。そして、ゆっくり時間をかけて食事を堪能するのです。もう王者の風格。

実際、世界にはミサゴを讃える伝承が数多く残っていて、アメリカ先住民の多くは、守護者とみなしたのだとか。釈迦の前世を描いた『ジャータカ』では、鳥の王とされ、シェークスピアの『コリオレーナス』では覇者の比喩にその名が登場します。

ツミ

街路樹でも子育てしつつ 都会暮らしに奮闘中

枝に止まるツミ。日本最小のタカの仲間

アカマツは、枝が密集する独特の樹形をしているため、巣が枝に包まれる形となる

森林
種は多いが
密集度は低い
住宅地の緑地
種は多くないが
密集している

森林にはたくさんの種の鳥が暮らしているが、密集度は低い。一方、住宅地の緑地では、スズメやシジュウカラなど種は限られるが、密集度は森林の2倍以上になる場合がある

「雀鷹」。いきなりですが何と読むと思いますか？ スズメのタカと書いて「ツミ」と読みます。ツミは日本最小のタカの仲間で、スズメのような小鳥をよく狩ります。ハトより少し小さいぐらいなので、身近にいても気づきにくいですが、スズメやムクドリなどの小鳥がササーッと飛んで逃げたら、ツミが近くにいるかもしれません。

1970年代までは、日本で数例の繁殖記録しかなく〝幻のタカ〟と言われていました。しかし、1980年代に入り、都市近郊や住宅地、そして街路樹や庭木での繁殖までも確認されるように。住宅地の緑地は小鳥にとって貴重な生活場所です。そのため、小鳥が密集して暮らしており、ツミにとって絶好の狩り場となったわけです。

しかし、都会暮らしは楽じゃない。ライバルだっています。それがカラスです。ツミは、「アカマツ」という木を営巣場所として好んで使いますが、カラスもアカマツが大好き。ツミは、次第にアカマツ以外の樹木へ追いやられるようになりました。すると、慣れていない樹木での巣づくりをすることになり、巣の転落による子育て失敗が増えたのだとか。

しかし、ツミもしたたかに都会暮らしに順応していきました。アカマツ以外の木での営巣にも慣れていき、外敵へのむやみな防衛行動も控えるように。このように試行錯誤しながらも、ツミはたくましく都会暮らしを送っているのです。

ツミ
Accipiter gularis

タカ目
タカ科ハイタカ属

全長：オス約27cm
　　　メス約30cm

ハイタカ

ツミ以上、オオタカ未満。見分けるのにはコツがいる

空中で小鳥を捕まえる様子には圧倒される。驚きのボディバランス

脚や趾は細長く、趾の裏の特殊な突起が発達している。爪をたたむようにすると、その突起に隙間なく合わさり、獲物である鳥の羽をつかむのに適していると考えられている

ハイタカ属の大きさ比較

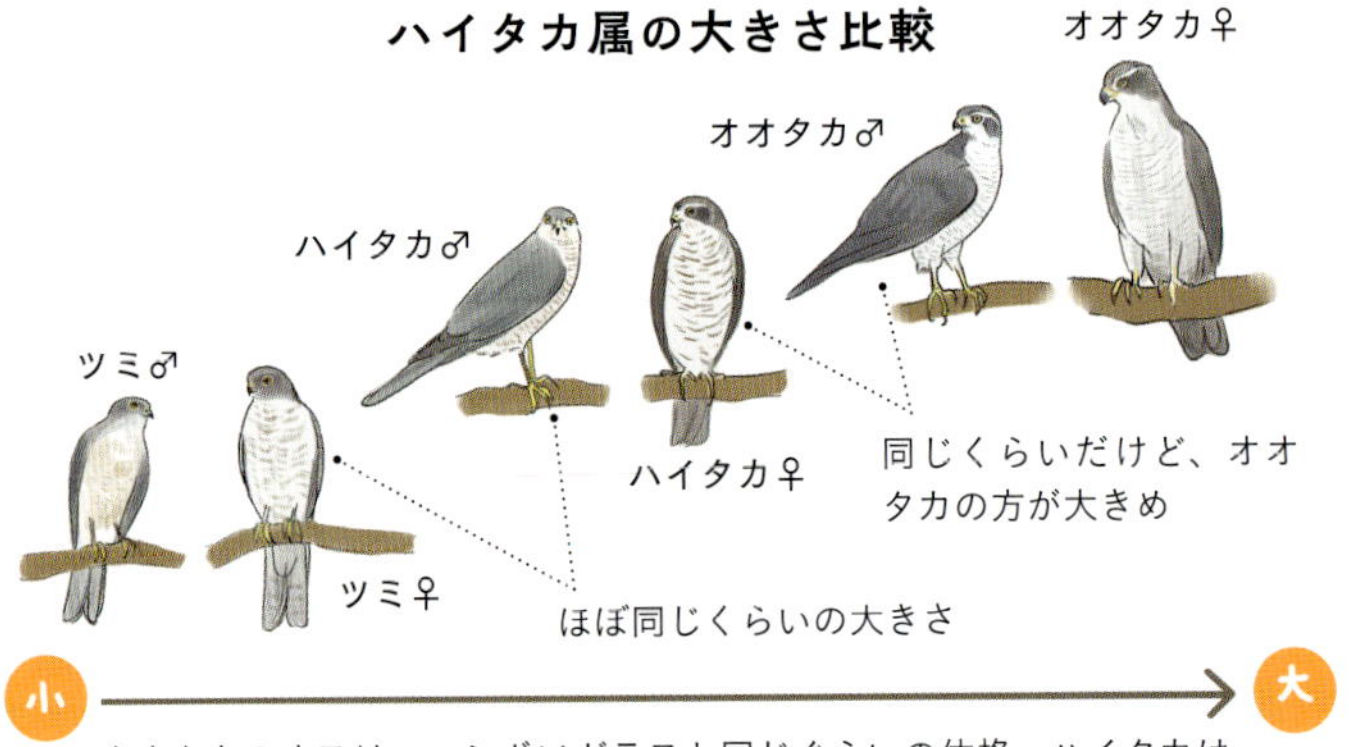

オオタカのオスは、ハシボソガラスと同じぐらいの体格。ハイタカはそれよりも小さいハトサイズ。これを覚えておくと見分けられそう

ツミ、ハイタカ、オオタカは「ハイタカ属」という同じグループに属し、見た目も暮らし方もすごく似ています。大きさとしてはツミが一番小さく、オオタカが一番大きい。ハイタカはちょうど中間です。といってもこの3種は、オスとメスに体格差があり、ツミのメスがハイタカのオスと同じぐらいです。そして、ハイタカのメスはオオタカのオスに近い体格。ですので、ツミとオオタカはわかりやすいのですが、ハイタカは見分けるのに少し苦労します。

　ハイタカは、夏の時期は主に森林で子育てをし、冬になると平地へ移動。この時、都市公園や農耕地でも見られるので、冬が観察のチャンスです。大陸から渡ってくる個体もいて、冬になると増える印象。都心では皇居などを狩り場としたケースもあります。逆に夏の繁殖期は、なかなか見かけません。というのも、ハイタカの天敵とされるオオタカが近くにいる場合、オオタカの飛翔しにくい、木が密生した森の中に巣をつくると言われているからです。

　ハイタカの特徴といえば、細長い趾があげられます。特に、趾の裏の突起が発達していてよく目立ちます。そして、爪も鋭く長いのが特徴。この長い趾を使って、飛ぶ小鳥を引っ掛けるようにして捕まえるのです。

　ツミとオオタカ、この2種の間に挟まれて少し存在感が薄い印象ですが、空中で小鳥を上手にキャッチする狩りをぜひ一度目撃してほしいと思います。

ハイタカ
Accipiter nisus

タカ目
タカ科ハイタカ属

全長：オス約31cm
　　　メス約39cm
＊準絶滅危惧

オオタカ

日本を代表するタカの仲間はメスの方が大きくて強い？

「絶滅危惧種」からは外されたものの、「準絶滅危惧種」であるため安心はできない

オスは、繁殖期にはスズメなどの小型の獲物もよく狙う。多くの獲物が必要になり、同時期に繁殖を行う小型種の幼鳥を狙ってのことと考えられている

「これぞまさにタカ！」と叫びたくなるほど迫力のあるルックス。オオタカは、日本画のモチーフや鷹狩りのパートナーとして日本人に古くから愛されてきました。一時期は絶滅の心配もされていましたが、近年は個体数も回復傾向にあり、絶滅危惧種から外れています。都市公園でも見かけることが多いタカの仲間です。

そんなオオタカは、メスの方がオスよりも体が大きいのも特徴。これを「性的二形の逆転」と呼び、この体格の違いが狩る獲物の大きさにも関係しているようです。ある調査では、非繁

殖期のオスとメスの獲物を調べたところ、オスはハト大の獲物を好んで狩り、少し大型のカラス大の獲物を捕食する例は確認されませんでした。オスはカラスとほぼ同じ体格なので、狩りの際に反撃のリスクがあるためだと考えられます。一方、メスはハト大の獲物の他、カラス大の獲物も好んで捕食していました。中にはダイサギなどの大型の獲物を捕食した例もあったというから驚きです。

オスの方が大きくて強いというイメージを持ちがちですが、オオタカの場合はそれが当てはまらないようです。しかし、繁殖期になるとヒナの世話や巣の防衛を主に行うメスに代わって、オスは家族の分まで獲物を狩って何度も巣に運びます。中には疲れ果て、やつれて見えるオスもいるほど。この役割分担が、体格の違いを生んでいるとも考えられています。

オオタカ
Accipiter gentilis

タカ目
タカ科ハイタカ属

全長：オス約50cm
　　　メス約59cm
＊準絶滅危惧

トビ

放火犯はまさかのトビ？獲物は楽にゲットしたい

実は狩りも上手。水に足を突っ込んで魚を捕らえることもある

トビは、最も普通に見られるタカの仲間。海岸や農耕地に多い印象ですが、大きな河川や市街地でも見かけることがあります。上昇気流に乗り、大空を帆《はん》翔《しょう》する姿がお馴染みでしょう。空から地上をよく観察し、獲物となる小鳥や小動物を探しているのです。そしてすごいのは、動物の死骸や残飯なども積極的に見つけて食べるところ。一説には、その時に最も効率よく手に入る食料を確保しているのだとか。

トビといえば、オーストラリアで面白い論文が発表されました。なんと、わざと山に放火をする猛禽類がいるというのです。

オーストラリアのトビなどは、自ら進んで火災現場に突進していくのだそう。地元の消防士の間ではよく知られていたのだとか

多くのタカの仲間は、翼を広げ、弧を描くように飛ぶ（帆翔）。特にトビは尾羽がバチ状でわかりやすい

トビ
Milvus migrans

タカ目
タカ科トビ属

全長：オス約59cm
　　　メス約69cm

オーストラリアでは、雷などにより自然に山火事が起こります。猛禽類たちは、そこから火のついた枝を持ち去り、人のつくった〝防火帯〟なども飛び越えて、乾燥した場所に火種となる枝を落としていたのです。しかも、時には集団で何度も行うのだとか。これは、火から逃げ出す小動物を獲物として狙っていると考えられています。つまり、火を道具として使っているということ。人間以外の〝火の使用〟は非常に珍しい例だと専門家は話しています。放火は3種の猛禽類で確認され、その中の1種がトビだったのです。

ノスリ

動かないこと多し…動く姿を見るとラッキー？

地面ギリギリを飛んで、ネズミやモグラなどを上手に狩る。また、ホバリングする場合もある。そして、獲物は小動物の他、小鳥や大型の鳥まで幅広い

ロシアの可愛い民芸品、マトリョーシカ

ノスリは、夏に平地から山地の森林で子育てをし、冬になると農耕地や河川敷など開けた環境で越冬する漂鳥。個体によっては、季節によって大移動をするものもいます。ネズミやモグラなどの小動物が大好きで、時には野鳥を襲うことも。電柱や木の上でじっと待ち伏せをし、獲物を見つけると地上に降下、地面を擦るように飛びながら獲物を襲います。この地面（野）を擦るような飛び方が、ノスリの名前の由来です。

　とはいっても、ノスリを見かけるのは、ほとんどが電柱か木の上。他のタカの仲間と比べる

こちらが近づきすぎると驚いて逃げてしまうが、じっと待っているとなかなか動かない。でも、いつかは飛ぶはずなので、「羽ばたけノスリ」と辛抱強く唱え続けると、きっと恋は成就するはず

と、少しずんぐりとした風貌で、じっと身動きをせずに止まっています。この姿が、ロシアの民芸品のマトリョーシカに似ていると思いませんか？　とにかくじっと動きません。待っても待っても動きません。早く〝野を擦る〟姿が見たいのに。なかなか動きません。お願い早く野を擦ってください！

実は、この〝動かないノスリ〟に古代ローマ人も注目していたようで、重要な「鳥占い」に使われていたようです。今でもヨーロッパには、この文化の名残が見られます。それは〝恋占い〟で、ノスリを見かけると「羽ばたけノスリ、羽ばたいて想いを叶えて」と心の中で唱えるのだとか。ノスリが飛べば吉。飛ばなかったら凶。うーむ。この占いには忍耐力が必要なようです。「恋は焦らず」ともいいますし、大きな心が幸運をつかむカギなのかもしれません。

ノスリ
Buteo japonicus

タカ目
タカ科ノスリ属

全長：オス約52cm
　　　メス約57cm

アオバズク

子供の食事に気を遣う、夏に見られる小さなフクロウ

大木にできる洞《うろ》で子育てをする。そのため、高樹齢の木が残る古い社寺林などに住み着くことが多い

孵化《ふか》したヒナは、その後、食事量を増やしていき、約1か月ほどで巣立つ

4月。若葉も茂り始め、新しいことに挑戦したくなる気持ちのいい季節です。そんな春に、子育てをするため東南アジアからやってくるアオバズク。青葉の季節に出会えるフクロウの仲間なので「青葉木菟」と名前がつけられました。

フクロウと聞くと、なかなか出会えないという印象を持たれがちですが、アオバズクは、都市公園や社寺林などでも見ることができ、全国的に広く親しまれています。

そんなアオバズクの子育てで、親がヒナの食事に気を配っている？　という面白い話がありま

アオバズクの巣がある広葉樹林では、甲虫の外骨格の一部、大型のチョウやガの翅など、アオバズクの食痕が見られる

器用に獲物を趾でつかみ、食べることがある

す。ヒナの食べ残しを調べてみると、親はヒナの成長とともに、与える食べ物を変えていることがわかりました。

　幼いヒナには、比較的簡単に手に入るカブトムシやコガネムシなどの甲虫類よりも、チョウの仲間を多く与えていたのです。これは、甲虫類が外骨格と呼ばれる固い殻に覆われているため、幼いヒナでは十分に消化できないからなのではと想像されます。一方、チョウの仲間は甲虫類に比べると外骨格は柔らかく、ヒナへの負担も少なくて済みます。そして、ヒナがぐんぐん育っていくと、次第に手に入りやすい甲虫類へ食べ物を移行させていくのです。ここで面白いのが、甲虫類でも特に硬い部分を取り外し、腹部のみを与えるということ。ヒナが食べやすいよう下処理をして、食べさせているのです。

アオバズク
Ninox japonica

フクロウ目
フクロウ科アオバズク属

全長：約29cm

ご近所付き合いは苦手？最も身近なハヤブサの仲間

鉄橋の下にできた隙間や、ビルの排気ダクトなどを利用して営巣するケースが増えている。本来営巣するのは岩崖にできた穴や隙間。上手に似ている環境を見つけていると言えそう

日本には、世界でも希少なチョウゲンボウの集団繁殖地が存在する。国の「史跡名勝天然記念物」に指定されている場所もあるほど。しかし近年、営巣数が極端に減っている

開けた環境でホバリングをする鳥を見つけたら、チョウゲンボウの確率が高い

チョウゲンボウは、身近に生息しているハヤブサの仲間。河川敷や農耕地などの開けた環境で暮らしています。とはいえ、近年はビルの排気口や鉄橋など、都市の建造物に巣をかけることも普通に。冬の時期は、全国で観察できるので、近所の河川敷などで探してみると見つかるかもしれません。

チョウゲンボウは、一般的な猛禽類と同じく単独で巣をつくることが知られています。しかし、稀に集団で営巣を行うものもいて、その集団営巣地の中でも日本は世界で最も密度が高いと言われています。一般的に、集団で子育てを行うメリットとしては、採食の効率化と外敵から身を守ることなどが考えられます。みんなで力を合わせて、食料確保や防衛などを頑張っているというわけ。ただ、デメリットもあって、近所付き合いは何かとストレスのもと。同じ鳥でも、接触頻度が高くなると争いが起こってしまいます。このメリットとデメリットを天秤にかけ、メリットが勝るからこそ集団営巣は成り立つのです。

しかし、それらをチョウゲンボウはほとんど行いません。そこで調査が行われた結果、巣が隣接するメス同士の行動圏は被っていたものの、近隣との接触を極力避けていると思われたのです。とすると、集団でいるメリットはなんなのでしょう？

日本には、チョウゲンボウの貴重な集団繁殖地があるだけに、さらなる研究と営巣地の保全が期待されます。

チョウゲンボウ
Falco tinnunculus

ハヤブサ目
ハヤブサ科ハヤブサ属

全長：オス約33cm
　　　メス約39cm

ハヤブサ

求愛は空中で！
世界最高速のプロポーズ

ハヤブサは骨も独特の形をしており、その骨につく胸や尾の付け根の筋肉がよく発達している。そのため、飛行能力や空中バランスに優れている

空中で求愛する姿は、飛翔を得意とするハヤブサらしい光景

ギネスブックには2種類の「世界一速い鳥」が登録されている。水平飛行では、ハリオアマツバメの時速170km。そして、急降下の速さでは、ハヤブサの時速389km

世界最速の鳥として、ギネスブックにも記録されているハヤブサ。急降下時、最高で時速300㎞を超えると言われています。海岸や山地の崖で子育てを行い、〝なかなか見られない鳥〟という印象もありますが、近年は市街地のビルなどに営巣することも増えました。しかし、個体数は少なめで絶滅危惧種に指定されています。冬は行動範囲も広がり、農耕地や河川敷などでも狩りの様子が見られます。

その狩りはスピード勝負。上空や高台など、見晴らしの良い場所から獲物を探し、狙いをつけたら猛スピードで急降下。獲物に強烈な蹴りを繰り出します。蹴られた方はひとたまりもなく、気絶するものもいるほど。空中でのボディコントロールにも長けており、飛んで逃げる小鳥を空中で追い詰めて、足で捕まえることもあります。

求愛もスピード感があります。オスは新鮮な獲物を捕まえ、飛行しながらメスにプレゼント。メスは逆さまに飛び、オスの爪から獲物をつかみ取ったり、オスが落とした獲物を空中でキャッチしたりと、絆を確かめ合うのです。また疾走感あふれる螺旋飛行や急降下など、2羽でアクロバティックな飛行を繰り返します。「あんなに飛べたら気持ちいいだろうな」と感じる瞬間です。

ハヤブサは、パートナーが決まると生涯を同じ相手と過ごすと言われています。〝飛行中の相性〟もパートナー選びの重要な条件なのかもしれません。

ハヤブサ
Falco peregrinus

ハヤブサ目
ハヤブサ科ハヤブサ属

全長：オス約42cm
　　　メス約49cm
＊絶滅危惧Ⅱ類

鳥には第六感がある？

日ごろの暮らしでとても重要な五感。視覚、聴覚、触覚、味覚、嗅覚、これらの感覚を使って、私たちはさまざまな情報を得ています。もちろん鳥にもこの五感は備わっていて、視覚や聴覚が優れているのは有名。しかし、その他の感覚も侮ってはいけません。シギの仲間は、遠隔触覚といって、嘴で土や水の振動を敏感に感じ取り、目に見えない地中のミミズなどを見つけることができます。また、嘴の先端には「味蕾《みらい》」と呼ばれる味を感じるセンサーが備わっており、食べ物の味を知ることもできるのです。

では、匂いはどうでしょう？　最近の研究では、多くの鳥が匂いを感じ取っていると考えられています。嗅覚を使って、獲物を探したり天敵を見つけたり、さらには家族とそれ以外とを嗅ぎ分けているという報告まであるほどです。

しかし、驚くのはそれだけではありません。鳥の中には「第六感」とも呼ぶべき感覚を持っているものもいます。渡り鳥の中には、地球の〝磁場〟を正確に感じ取り、まるでコンパスを使うように、方位を知ることのできる鳥がいるのです。この能力のおかげで、大陸を横断する際も、正確な方角を知ることができるというわけ。鳥にナビは不要みたいです。

第5章

水辺の鳥たち

ハシビロガモ

スコップ風の嘴が目印！緑の池でグルグル泳ぐ

ハシビロガモの嘴の中には、細かい突起があり、食べ物をこしとって食べている

メスも嘴は立派

最初はバラバラに食事していたハシビロガモたちが、次第に集まって渦をつくっていく。阿吽《あうん》の呼吸に感心

アオコ（左ページ）の大量発生した状態は「過栄養」とも呼ばれ、生育できる水草はほとんどないのだとか

人が多く住む地域で、緑色の池や沼をご覧になったことがありますか？　あの緑色の正体は、「アオコ（青粉）」とも呼ばれるラン藻類※などの植物プランクトンたちです。アオコは、私たち人間が出す生活排水などに多く含まれる、窒素やリンといった栄養塩が過度に増えると、大量に発生すると言われています。これを「富栄養化」と呼び、太陽光が水底まで十分に届かず、水草や魚類などが住みにくい環境となったり、悪臭を放ったりします。

しかし、この緑の池を好む鳥がいます。それがハシビロガモです。ハシビロガモは、嘴の先が横に広がったカモ。英名は「Northern Shoveler」といい、穴を掘る時に使うシャベルのような嘴が由来です。この立派な嘴を水面や水中につけ、泳ぎながら水を取り込んでいきます。そして、アオコを餌に集まってくるミジンコなどの〝動物プランクトン〟を、嘴の中の細かい突起でこしとって食べるのです。つまり「汚い水、ウェルカム！」ということみたい。さらに、集まった群れがグルグルと円を描くように泳ぎ始めます。「渦巻き採食」とも呼ばれるこの行動は、起こした渦で効率よくプランクトンを集める作戦。みんな黙々と、水面に顔をつけてグルグル泳いでいる様子は、ちょっとシュールで笑えます。

ハシビロガモは、10月ごろから日本全国に飛来します。〝緑の池〟を見たら、嘴が立派なカモが泳いでいるかもしれません。

※ミドリムシや緑藻など、アオコが原因ではない場合もある

ハシビロガモ
Spatula clypeata

カモ目
カモ科ハシビロガモ属

全長：約50cm

ヒドリガモ

可愛い顔して束縛系？ 僕の彼女に近づくな

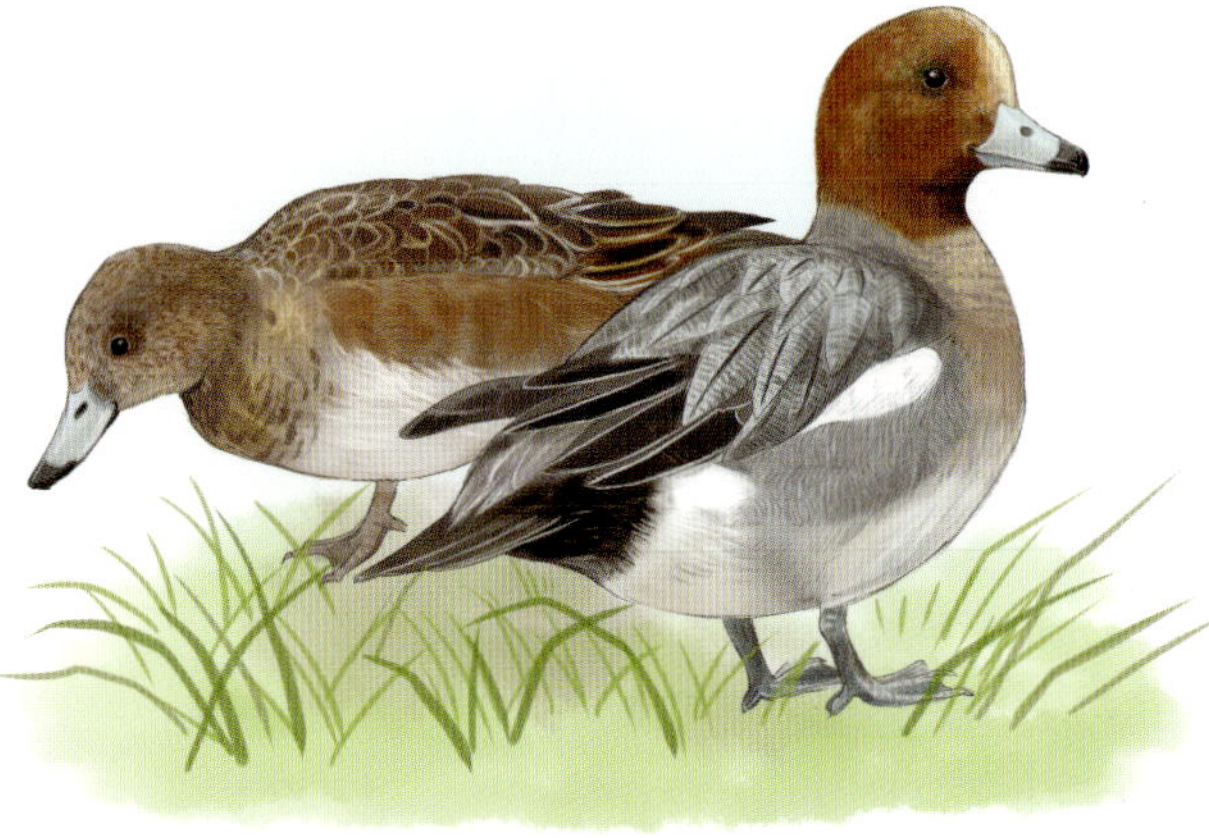

目尻に緑色が入る個体もいて、アイシャドウのようで可愛い。
また、嘴が他のカモ類と比べ短い印象

鳥は頭がいいと言われているが、嫉妬という感情があるのだろうか？

多くのカモ類が、冬の時期にパートナーを決めると言われている。したがって、同じ繁殖羽のオスでもペアがいるものといないものが混在する

クリーム色の額が印象的なヒドリガモのオス。まるで、ぬいぐるみのようなルックスが人気です。一方、メスは他のカモ類と比べて赤みが強いのが特徴。秋に日本へ飛来し、冬の間、私たちの日を楽しませてくれます。淡水から海水まで、幅広い水辺で見られて、冬のカモ類では定番と言えそうです。こんなに可愛らしいヒドリガモですが、〝オスは意外と束縛系？〟という面白い研究があります。

　動物のペアでは、オスの方がメスよりも警戒心が強いと言われます。これは一般的に、捕食者から〝メスを守る〟ためと考えられています。しかし、オスの方が〝派手な見た目〟の場合、敵に襲われるリスクが高く、自分自身を守っている可能性もありそうです。そこで、繁殖羽の派手なオス、非繁殖羽の地味なオス、配偶者がいるメス・いないメスなど、それぞれの警戒心を調べたとのこと。すると…。

　配偶者がいる派手なオスは、他のどのグループよりも5倍も警戒心が強いことがわかりました。しかし、配偶者のいない繁殖羽のオスと非繁殖羽のオスには、警戒心の差がなかったのです。つまり、「派手だから警戒心が強い」というわけではなさそう。さらに、配偶者のいるメスは他のオスと交流する頻度が低いことも判明。つまり、配偶者のいるオスの警戒心が強まるのは、メスを〝他のオス〟から守るためだと考えられます。オスはメスをある意味〝束縛している〟ということみたいです。

ヒドリガモ
Mareca penelope

カモ目
カモ科ヨシガモ属

全長：約49cm

カルガモ

24時間警備された？ 一番身近なカモの仲間

カモの仲間には、オスとメスで色や模様が違うものが多いが、カルガモの場合、よく似ている。よく見ると、オスのお尻の部分はメスより黒っぽい

多くのカモの仲間が冬鳥で、夏の繁殖期を海外で過ごすものが多い中、カルガモは一年中見ることができる、身近な存在。しかも、日本で嘴の先が黄色いカモはカルガモだけ。すごく覚えやすい特徴です。

そんな身近なカルガモだからこそ、見られる光景があります。それが子育てです。お母さんガモが、よちよち歩きのヒナをたくさん連れて歩く様子は、何度見てもため息が出てしまいます。河川や公園の池で繁殖するものもいますが、過去には驚くような場所で子育てをした例もあります。

それは、高層ビルが立ち並ぶ東京・大手町。東京駅から歩いて10分ほどの日本屈指のオフィス街です。その一角に設けられた小さな池。しかも、1日数十万台の車が通る大通りに面し、ほとんど歩道の一部といってもいいような場所で子育てをしていました。[※1] さすがにこれは無視できないと、警備員が24時間体制で親子を見守ることとなりました。

カモ類の子育ては、メスのみで行うのが一般的。カルガモの

親鳥は、ヒナを連れて食料のある水場を渡り歩く。親鳥は危険を察知すると首を伸ばして立ち止まり、ヒナたちも親鳥の足元でうずくまって警戒する

高層ビルの立ち並ぶ大手町。現在は再開発が進められ、多くの生き物が暮らしやすい環境を意識した緑地も完成している

都会暮らしのカルガモを見ていると、横断歩道を渡っている場面に出くわすことも

場合もヒナを連れて歩くのはお母さんです。[※2] ワンオペ育児は不安もあるはず。都会で子育てを行う鳥は、人の存在を隠れ蓑に、天敵から身を守っているのかもしれません。

※1 1996年の出来事で、近年、営巣は観察されていない

※2 稀にオスも子育てを行う

カルガモ
Anas zonorhyncha

カモ目
カモ科マガモ属

全長：約61cm

マガモ

夜にコソコソ食事する? アヒルとは親戚です

昔から、カモといえばマガモのイラストが描かれることが多い

日中は天敵が活動する時間帯。寝ているように見えるが、警戒を怠っていないのかも

冬に飛来するカモ類の中で、最も飛来数が多いと言われているのがマガモです。「カモ」と聞いて真っ先に思い浮かべる人も多いためか、〝真の鴨〟という意味で「真鴨」と名前がつけられました。

日本で冬を過ごすカモ類の多くは、日中は安全な池などでゆっくり過ごし、夜間に水田などに移動します。狩猟者や猛禽類などの天敵と、活動する時間帯をずらしているのですね。日中を過ごす水辺には、見通しが良い、池などの長径が長いといった条件が重要視されているのだとか。そして夜間は、食べ

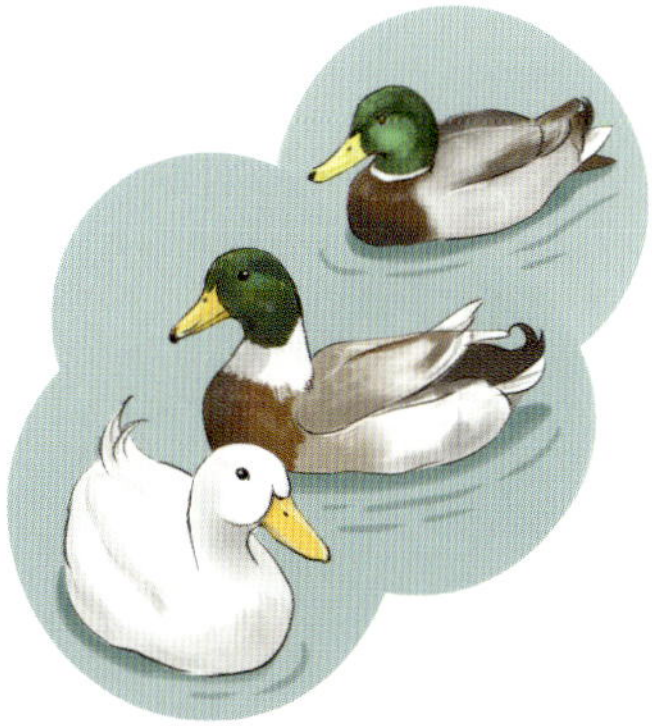

アヒルの白色型が野生にいると目立つのだが、青首型はマガモにそっくりで気づきにくい。少し体が大きいのが一番の特徴と言える

アイガモには、頭の色が薄かったり、まだらだったりするものがいる。アイガモやアヒルは野生動物ではないため、野生のカモ類との交雑などが問題視されている

マガモ
Anas platyrhynchos

カモ目
カモ科マガモ属

全長：約59cm

物の豊富な水田などで、水草や種子を食べています。安全な休憩地と食べ物が豊富な環境を使い分けているのです。

ところで、人間がマガモを家禽化したものがアヒルです。アヒルには、真っ白な「白色型」と、マガモに似た「青首型」がいて、合鴨農法で有名なアイガモは、アヒルとマガモの交雑種。ちょっとややこしいですよね。ちなみに、野生にもこの青首型やアイガモがまじっていて、少し体が大きいのが特徴。

もはや、「真の鴨はどれだ！」と間違い探しのようになっています。

オナガガモ

見た目はスマート、カップルできるとゲップする

英名は「Northern Pintail」。これは北部地方の針のような尾という意味で、尾羽の形状に由来する。飛翔時もこの尾羽はよく目立ち、とても優美に見える

アピール行動いろいろ

オスの求愛行動は、12月半ばごろから見られる。小競り合いをしながら、大げさとも思える動きを繰り返し行う

オナガガモ
Anas acuta

カモ目
カモ科マガモ属

全長：オス約75cm
　　　メス約53cm

1羽のメスを複数のオスが取り囲むようにして、時折、求愛のアピールを行いながら水面を移動する様子は「囲み追い」とも呼ばれる。見ていると、オスたちの必死さが伝わってくる

冬に飛来するカモの仲間の中で、一際スマートな体型なのがこのオナガガモです。嘴や首はスッと細長く、尾羽は中央の2本が針のように長く伸びています。

オナガガモは、多くのカモ類同様、夏の繁殖期より前の冬にパートナーを決めることが知られています。この求愛行動が、比較的容易に観察できるのもポイント。

1羽のメスをオスが取り囲み、追いかけるようにしてアピール合戦が繰り広げられます。嘴で水を撥ね上げたり、首や尾羽を上にそらして白い羽を見せつけたり…。こちらにもその必死さが伝わってくるほどです。

そして、選ばれたオスは「ゲップ」と呼ばれる行動を多く行うようになります。ゲップとは、嘴を胸元に引き寄せて首を下げる時に「ピュー」と鳴き声をあげる行動。こうしてパートナーが決まると、オスは首をまっすぐに伸ばしメスを先導して泳ぎ始めます。一方メスは、なおも追ってくる他のオスに背を向け「ガッガッ」と低い鳴き声を出すのです。このスマートなルックスのカモがパートナーを決める瞬間に立ち会うと、決して目を離すことができません。

コガモ

潜水は得意じゃないけど仲間が増えると潜りがち

マガモと一緒に泳いでいると、コガモの名前の由来が容易に想像できる

通常、コガモを含む水面採食ガモは、水面に嘴をつけたり逆立ちしたりして水を吸い込み、浮遊している水草や草の種などをこしとって食べている

水面採食タイプのカモ類

脚が体の中央付近についているため、陸上ではバランスが良く、上手に歩ける

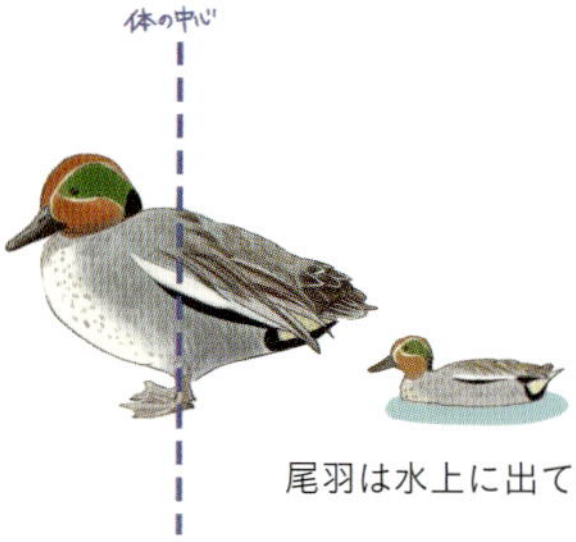

尾羽は水上に出ている

潜水採食タイプのカモ類

脚が体の後方についているため、体が直立してしまい、歩くのは苦手

尾羽は水に浸かっていることがよくある

カモの仲間は〝水面採食タイプ〟と〝潜水採食タイプ〟に分けることができます。

水面派は、嘴を水につけて浮かんでいる食べ物を食べ、時には逆立ちをして、水底の水草などを採って食べます。一方、潜水派は、水に潜って泳ぎ回り、水中の食べ物を上手に採って食べています。この違いは体格や行動にも影響していて、水面派の脚が体の中央にあるのに対し、潜水派は、水中で水を掻きやすいよう体の後方に脚があります。また、水面から飛び立つ際も、その場で飛び上がる水面派に対し、潜水派は、水面を走るように助走をつけないと飛び立てません。この違いを知るだけで、カモたちを見た時の面白みが倍増します。

コガモは、水面採食タイプで水草や種子などを好んで食べます。栗色の頭と目から後ろは光沢のある緑色、他のカモ類と比べ、体格が一回り小さな可愛い鳥です。嘴から首を水に浸けて採食する方法がよく見られ、水深で言うと4～17cmと浅い部分の食べ物を主に食べています。が、潜水する個体が各地で目撃されています。「あれ？　潜らないんじゃないの？」

ある調査によると、コガモは個体数が増えた場合、陸上や水深24cm以上で採食をするものが見られたのだとか。逆立ちをしたり、時には潜水して水中深くの食べ物を採るのです。個体数が増えて食べ物が不足するためとの見方もありますが、もう少し調査が必要なようです。

コガモ
Anas crecca

カモ目
カモ科マガモ属

全長：約38cm

キンクロハジロ

所変われば胃も変わる？ 冬に見られるイケメンガモ

決して派手な見た目というわけではないが、一度見たら忘れられない魅力がある

二つの湖のキンクロハジロを比較
（左記調査）

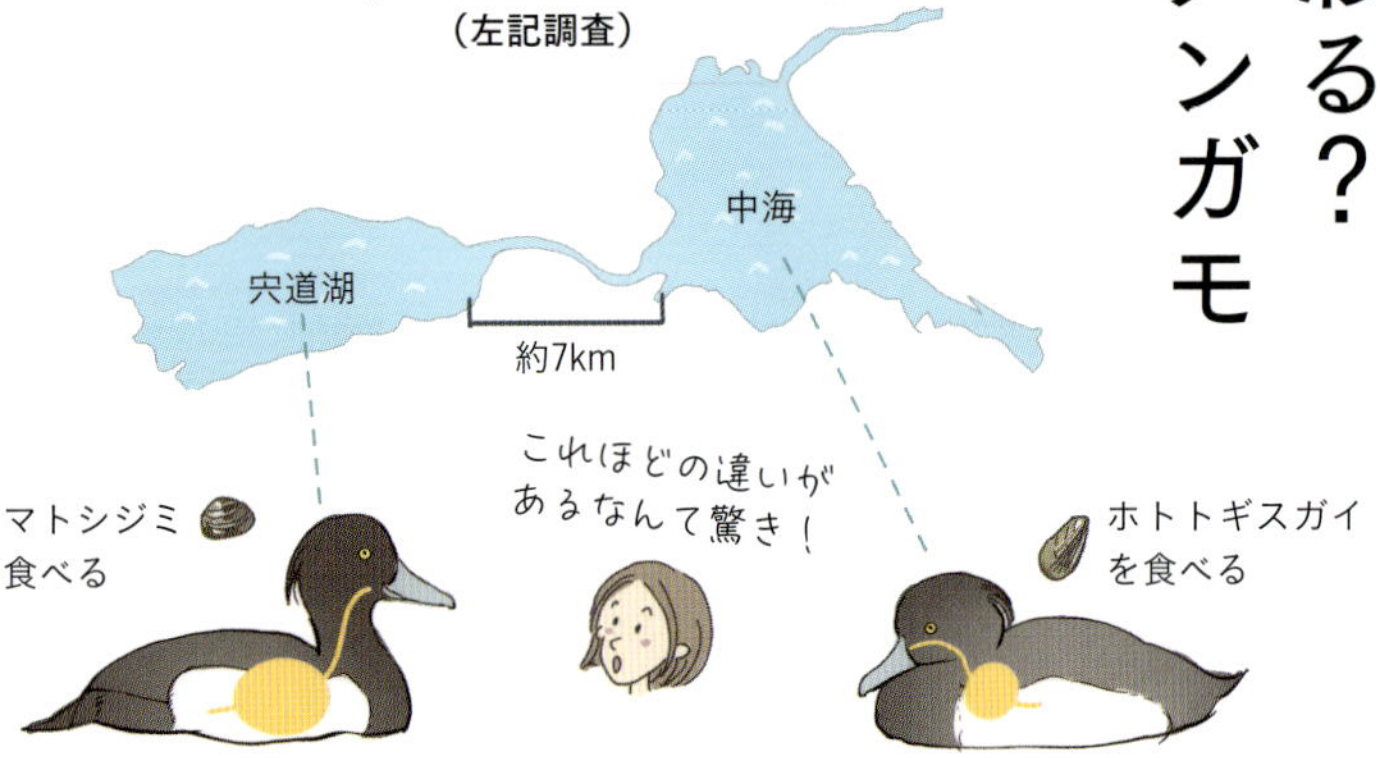

筋胃の大きさが約2倍！

ヤマトシジミは、島根県の宍道湖産のものが有名で、しじみ汁でお馴染みの貝。ホトトギスガイは、貝表面の縞模様が特徴的な貝で、名前は鳥のホトトギスの胸の縞模様に由来する

キンクロハジロは、冬の池に舞い降りるカモ。河川、湖沼、海岸とさまざまな水辺で見ることができ、都市公園の池でもよく見かけます。

漢字なら「金黒羽白」と表記されるように、金の目（虹彩）、黒いボディ、翼の白い帯とゴージャスな見た目が特徴です。そしてなにより、長い冠羽が頭の後ろまで伸びていて、野鳥界随一のイケメンだと感じます。ちなみに、メスにも短いですが冠羽があります。

ところで、鳥は人でいう〝胃〟を二つ持っています。その一つが「筋胃」と呼ばれるもので、通称〝砂肝〟と呼ばれる臓器。鳥には歯がないので、硬い食べ物をすりつぶすのにこの筋胃を使っています。

さて、島根県の宍道湖《しんじこ》と隣り合った湖、中海にいるキンクロハジロの筋胃を比較すると、宍道湖にいるものの方が約2倍も大きかったのだとか。しかし、宍道湖と中海は7kmほどしか離れていません。なぜこのような違いが出るのでしょうか？

それは、食べている貝に違いがあるため。宍道湖には殻の硬いヤマトシジミが多く生息していて、中海には殻の柔らかいホトトギスガイが多く生息しています。この貝殻の硬さがポイント。キンクロハジロは貝を丸呑みにし、筋胃で砕いて消化処理をするので、硬い殻を砕くには大きな筋胃が必要というわけです。同じ鳥なのに、食べ物で内臓の大きさが変わるのですから驚きです。

キンクロハジロ
Aythya fuligula

カモ目
カモ科スズガモ属

全長：約40cm

ミコアイサ

水に浮かぶパンダガモ、次の瞬間には潜るかも

オスが印象的すぎて見落としがちだが、メスもなかなか個性的な外見

多くのカモ類のように、岸の近くを泳ぐことは稀。沖合に白いフォルムを見かけたらミコアイサの可能性が高い

いつしか愛称“パンダガモ” が定着！

巫女さんの白装束が名前の由来？　現代の巫女さんと色味は少し違う気がするが…

コガモのところ（140ページ）で、〝水面採食タイプ〟と〝潜水採食タイプ〟のカモのお話をしました。その潜水採食派のカモで、オススメしたいのがミコアイサ。都市公園などの小さめの池というより、少し郊外の湖沼や河川でよく見かけます。皇居のお濠に飛来することもあり、出会えるチャンスは多め。しかし、警戒心が強く、岸から離れていることが多いので双眼鏡は必須。そして見かけたら、目を離さないこと。次の瞬間には水中に潜り、どこに行ったのかわからなくなってしまいます。

　ミコアイサといえば、まずそのルックスに驚かされるでしょう。オスは、真っ白な体色に目の周りの黒がサングラスをかけているよう。そして、冠羽が逆立っていて、少しやんちゃな印象。メスは頭部が栗色で、これまたやんちゃな印象。冬は、群れで行動することが多く、出会うと強いインパクトがあります。

　ミコアイサは漢字で「巫女秋沙」や「神子秋沙」と書きます。巫女と神子は同じ意味で、神職の仕事を補佐する女性のこと※。つまり、神社の巫女さんです。その白装束に似ているということで、ミコアイサの名がついたのだとか。でも現代では、巫女さんといえば、緋色の袴のイメージが強いですよね。そこで、バーダーさんたちの間では〝パンダガモ〟の愛称が定着しています。これはナイスセンス！「サングラスをかけて…」なんて言って申し訳ない。

※ちなみに男性なら「覡《おかんなぎ》」

ミコアイサ
Mergellus albellus

カモ目
カモ科ミコアイサ属

全長：約42cm

クイナ

名前は有名だけど意外と姿は知られていない

下嘴は赤く、顔から胸にかけてはブルーグレー。そして、わき腹からお尻にかけての縞模様が粋な印象。歩く時に、ぴょこぴょこと動かす短い尾羽もとても可愛い

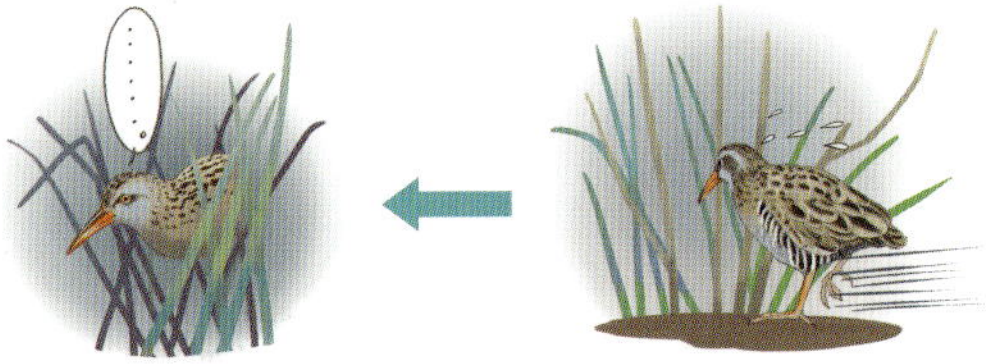

たまに草むらから出てきても、ビクビクと常に周囲を警戒して歩く。羽色が水辺の環境に溶け込み、見つけにくい

クイナは、沖縄にいるヤンバルクイナなどと同じ〝ツル目クイナ科〟の鳥。東北以北で子育てを行い、それより南で冬を過ごします。ヨシ原などの水辺の草地が大好きで、公園の池でも見かけることがあります。漫画や小説などのキャラクター名として使われることもあるので、「名前は知っている」という方も多いのではないでしょうか？

しかし、その姿は意外なほど知られていません。それは、クイナがすごく警戒心が強く、見るのがとても難しい鳥だから。「クイッ、クイッ」と声だけは聞こえます。しかし、待っても

季節によって国内を移動する鳥を「漂鳥」という

クイナ
Rallus indicus

ツル目
クイナ科クイナ属

全長：約29cm

飛べないが、カタツムリを石に叩きつけ、中身を取り出して食べる賢い一面も

待っても草陰から出てこない。そして、やっと出てきたと思うと、すごいスピードで走って草陰に逃げ込んでしまう。見たい時は時間帯も大切で、早朝や夕方などがオススメです。

そんなクイナは、ずっと歩いていて、飛ぶところをほとんど見かけません。実際、クイナ科の鳥はあまり飛ばないものが多く、ヤンバルクイナなど全く飛べなくなったものもいるほどです。とはいえ、クイナは季節によって生活場所を変える鳥。まさか歩いて移動しているとも思えません。そう、実はきちんと飛ぶこともできる鳥なのです。

バン

子育ては合理的？子供も育児に参加します

危険を感じると、尾羽を立てて上下にプリプリ振る。それでも敵が怯まない場合は、「どうだ」と言わんばかりに、白い羽に空気を含ませて目立たせる

種内托卵

種内托卵はムクドリなどでも見られる行動。他の巣が良く見えるのだろうか？

種間托卵

種間托卵はカッコウ類が有名。カッコウ類が子育てを全くしないのに対し、バンは自身で子育てをする鳥なので不思議な行動に思える

バンは、観察しがいのある鳥。水辺を歩いていたり、水面を泳いでいたり、ずっと見ていて飽きないほどです。それに、バンの威嚇はすごく可愛い！　お尻の白い羽毛を膨らませて見せつけます。そして、上下にプリプリと振ってみせるのです。

バンといえば、子育てスタイルが面白いのも特徴。基本的には、一夫一妻で子育てを行うのですが、状況によっては一夫多妻や多夫一妻などにもなるといいます。そして、自分の卵を育てるのはもちろん、他のバンの巣に卵を産みつける「種内托卵」も知られています。イギリスと埼玉の例では、20個を超える卵が一つの巣で見つかったとか。また、ヨシゴイなど他の種への「種間托卵」も確認されています。さらに驚くことに、その年生まれた幼鳥が、その後生まれてきたヒナの子育てを手伝うのです。恐るべし。

バンは、河川や湖沼、水田や公園の池など、幅広い環境で見られる鳥です。夏にだけ水を張る水田、時期によって水量が調整される河川、一年中安定している湖。いろいろな環境で暮らしているからこそ、柔軟なライフスタイルが生まれたのかもしれません。

幼鳥がその後に生まれたヒナの子育てを手伝う場面も。バンの幼鳥は親鳥と色が違うので、すぐにそれとわかる

バン
Gallinula chloropus
ツル目
クイナ科バン属
全長：約32cm

オオバン

泳ぎは得意ですがカモじゃありません！

オオバン属はクイナ科の中で、最も泳ぐのが得意であると言われていて、泳ぐ姿をよく見かける

すまし顔で泳いでいると思ったら、突然「ピョン！」と頭から水の中に姿を消してしまうため驚かされることがある

水辺をスイスイ泳いでいるオオバンは、カモの仲間と勘違いされることが多いようです。

しかし実は〝ツル目クイナ科〟の鳥で、ツル類やクイナの仲間です。オオバンの趾は「弁足」と呼ばれ、独特のヒレがあるのが特徴。この弁足のおかげで、陸上を歩くのはもちろん、上手に泳ぐこともできるというわけです。

そんなオオバンは潜水するのも得意。ピョンと水面で飛び上がると水中に潜っていき、大好きな水草を採って浮上してきます。ツルやクイナの仲間だということを考えると、いかにオオ

オオバン
Fulica atra

ツル目
クイナ科オオバン属

全長：約39cm

水に潜って、水草を採り、水面で食べるオオバンだが、のんびり食事というわけにはいかない

バンが水辺を得意としているかがわかります。カモの仲間に間違われるのもうなずけますよね。といっても、本家カモの仲間は一枚上手のようです。

　あまり潜水をしないカルガモやヒドリガモなどは、オオバンが採ってきた水草を横取りすることがあります。オオバンも盗られまいと抵抗しますが、水かきのあるカモたちは素早く泳いでオオバンから水草を奪ってしまうのです。

　完全にカモたちに〝カモ〟にされているオオバンを見るにつけ「鳥の世界も厳しいな」と感じてしまいます。

カイツブリ

カイツブリ母さんの浮き沈み劇場

趾は一本一本独立して水かき状になっている（弁足）。また体の後方に脚がついており、泳いだり、潜水したりするのに適した体型で、魚や水生昆虫、甲殻類などを水中で狩ることができる

水辺に生えるヨシなどの茎をそのまま柱のように巣にくみこむ。また、倒木などを土台にしてつくる場合も多い

外出する時は、葉などを卵の上にかぶせてカモフラージュも

浮巣《うきす》というが、巣自体にそれほどの浮力はないと思われる

水中に隠れた部分が大きい！

直径50 〜 60cmほど

イネ科のマコモやヨシ、あるいはハスなどの茎や葉でつくられた浮巣。最近は人間が捨てたビニールや発泡スチロールなどを利用しているものも見かける

琵琶湖は、古くは「鳰《にお》の海」とも呼ばれていました。鳰とはカイツブリのことで、今も滋賀県の県の鳥に指定されています。鳰は「水に入る鳥」という意味のようで、カイツブリが水を上手に掻いて潜る様子からつけられた名前です。河川や公園の池など、スイスイと泳いでいる様子をよく見かける身近な鳥でもあります。

そんなカイツブリは「浮巣《うきす》」と呼ばれる独特の巣をつくって子育てをします。水草やビニールなどの浮遊物をせっせと集め、水面に突き出した水草などに絡ませていくのです。そして、直径40cmほどの円形の巣が出来上がります。また、驚くことに、浮巣の下には大きな基部があり、その直径は最大60cmにも達するのだとか。カイツブリの全長の約26cmと比べると、その大きさがよくわかります。

そんなカイツブリですが、近年は減少傾向にあると言われています。主な原因はブラックバスなどの外来魚が増え、食料となる小魚が減っていることだと考えられています。琵琶湖でも減少が問題視され、滋賀県が発表する『滋賀県で大切にすべき野生生物』の2020年度版では〝希少種〟に指定されています。

カイツブリ
Tachybaptus ruficollis

カイツブリ目
カイツブリ科カイツブリ属

全長：約26cm

ヒナが小さいうちは、親鳥が背にのせて運ぶ様子が見られる。これを見られる期間は短いので、目撃すると嬉しくなる。ほほえましい光景

タシギ

冬の水田に降り立つ迷彩柄のシギの仲間

泥の中に嘴を突っ込み、ミミズや甲殻類などを探し出して食べる

嘴の先には多くの神経があり、触感はもちろん味まで感じるのだとか。骨を見ると、神経が通る穴がいっぱいあいている

背景に溶け込んで見つけにくいが、もし見つけたら静かに待ってみよう。ゆっくりゆっくりこちらに近づいてくることがある

飛ぶと、複雑なカモフラージュ柄が、実は、規則正しく並んでいることがわかり、とても美しい

田んぼにいる〝シギ〟なので、「田鷸（タシギ）」と名づけられました。とはいえ、河川や沼などにもいて、湿った〝泥地〟が好きな印象。春や秋に、渡りの通過地点として全国で見られ、関東以西では冬を過ごす冬鳥です。最近では、冬の間田んぼに水を張る「冬期湛水《たんすい》」も減っているので、狭い水路などでも見かけることがあります。

タシギは、長い嘴を泥の中に根元まで突っ込んで、食料となるミミズや昆虫などを探します。この長い嘴。実は先っぽは柔らかく、上下に柔軟に開くのです。しかも、神経が多く通っていて、触覚や味覚まであるというから驚きです。

ところで、迷彩柄の洋服を街中で着ていると、すごく目立ちます。しかし、自然の中に出かけると不思議と目立ちません。そう見えるようにきちんと工夫されているからです。自衛隊の場合、日本のさまざまな山野の風景をコンピュータ処理し、日本の植生にうまく溶け込むような〝迷彩パターン〟をデザインしているのだとか。これと同じようなことが、タシギの羽色にも言えそうです。三面護岸の河川で見かけることがありますが、背景がコンクリートだとすごく目立ちます。しかし、水田や沼地だと全く目立ちません。泥、水、草などの模様にうまく溶け込んでいるのです。あんなに派手な柄なのに。もしかしたら、タシギは水辺の環境に適応した迷彩柄の羽を手に入れたのかもしれません。

タシギ
Gallinago gallinago

チドリ目
シギ科タシギ属

全長：約27cm

ミユビシギ

動きがバグってる？ まるでフィギュアスケート！

ミユビシギとトウネンはよく似ている。トウネンは、当年（今年）生まれたように小さいことが名前の由来

体がブレることなく素早く移動するので、まるで氷の上を滑っているように見える。これが集団になると、脳がバグるのもうなずける

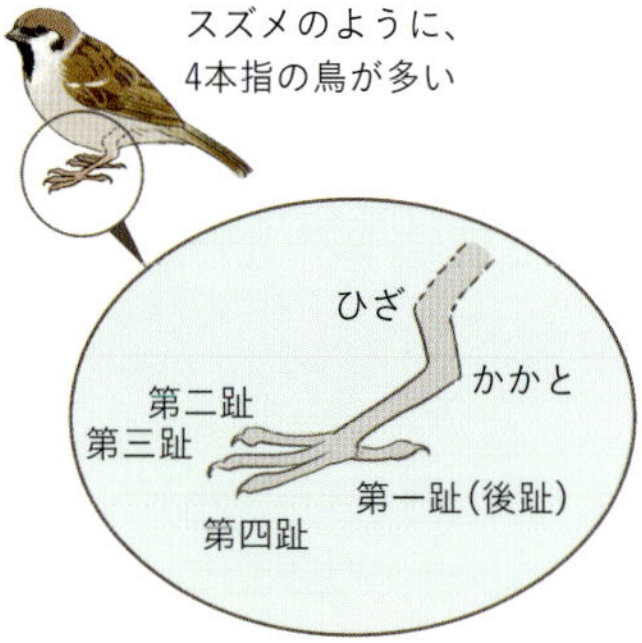

シギ類とよくセットで観察されるチドリ類の多くは第一趾《だいいっし》が退化しているが、ミユビシギのように、第一趾が退化したシギ類は珍しい

鳥の脚は面白い。足に見える部分は実は指です。つまり、爪先立ちで歩いているということ。人でいう〝小指〟が完全に退化していて、多くの鳥は4本の指だけで歩いています。その場合、親指にあたる「第一趾《だいいっし》」が（種によっては第四趾か第二趾も）後方にあり、他の指が前方についています。この4本の指を使って、木に止まったり、地面に立つ時にバランスをとったりしているのです。しかし、鳥の中には第一趾までも退化したものも。エミューやチドリ類が有名ですが、ミユビシギは、その独特の趾が名前の由来にもなっています。

ミユビシギは、首や嘴が短くずんぐりとした小鳥。そして、砂浜や干潟の波打ち際をチョロチョロと走り回っています。特に砂浜では、波が押し寄せるとサーッと走って波を避け、波が引くと、再び走って戻ってきては採食を繰り返します。集団で走り回る動作がとても可愛くて、SNSなどでも「脳がバグる」と話題になるほど。主に、秋冬に見られる光景なので、ぜひ一度探しに行ってみてほしいです。それにしても、3本指で爪先走りをしていると思うと、なんだか可笑しくなります。

ミユビシギを探す際、すごく似ている鳥がトウネンです。もう本当にそっくり。ただ、トウネンはミユビシギより少し小さく、第一趾があって4本指なのが見極めポイント。また、冬羽では「翼角」の部分に少し黒色が入るのがミユビシギです。

ミユビシギ
Calidris alba

チドリ目
シギ科オバシギ属

全長：約20cm

ユリカモメ

生まれてすぐに協力体制？親はスパルタ英才教育!?

冬羽と夏羽の違いは一目瞭然。ユリカモメは、海の他、内陸の河川や湖沼でも見られる

弱いおねだりだと、親鳥は餌を与えなくなっていく。「さー！　息を合わせてー」とスパルタ教育をしているのかも？

おねだり行動を同時に行う方が、親鳥へのアピール倍増！　ということ

3月ごろになると、毎年会いたくてたまらなくなる鳥がいます。それがユリカモメ。夏の終わりにカムチャツカ半島から渡ってきて、冬の間を日本で過ごす冬鳥です。ウミネコやカモメと比べると少し体格が小さく、嘴と足が赤い可愛い鳥で、耳のあたりに黒い斑があるのが特徴です。なぜ3月ごろに会いたくなるのかというと、春の渡りの前に「夏羽」に変わるからです。この夏羽がなんともユニークな柄。頭に手ぬぐいで〝ほっかむり〟したように見えます。この姿は、繁殖地へ向かう前のわずかな期間しか見られません。

そんな姿で子育てするユリカモメ。海の向こうの繁殖地では、ヒナたちが〝協力〟して、親から餌をもらう様子が見られそうです。

ある研究で、ヒナたちが親に食べ物を〝おねだり〟する様子が観察されたのですが、1羽でおねだりするよりも、兄弟が同時におねだりした方が、効率よく食事にありつけるようなのです。実際、兄弟の数が多いほど、個々のおねだりの回数は減り、協調性が高まることがわかっています。そして、育児期間後期には、強い協調がなければ餌はもらえません。ヒナが孵化《ふか》後1週間未満の時、弱いおねだりでも給餌していた親が、ヒナが育ってくると、強いおねだりの時だけ給餌するようになるからです。これは、親がなんらかの〝学習〟を、ヒナに課していると想像できます。スパルタ英才教育なのかもしれません。

ユリカモメ
Chroicocephalus ridibundus

チドリ目
カモメ科ユリカモメ属

全長：約40cm

ウミネコ

一番身近なカモメの仲間は昆布の収穫を倍増させる!?

ウミネコという名前は、鳴き声がネコに似ていることからついたと言われる

多くのカモメ類は幼い時には尾羽に黒い帯が入っているが、成鳥になるとともに消える。しかしウミネコだけは成鳥になっても黒い帯が残る

カモメの仲間は、どの種も似ていて見分けるのに苦労します。しかし、日本のカモメ類の中で、成鳥の尾羽に黒い帯が入るのはウミネコだけ。英名も「Black-tailed Gull（黒い尾のカモメ）」で、尾羽はウミネコのアイデンティティと言えそうです。

そのウミネコの繁殖地の中でも日本最大規模を誇るのが北海道の〝利尻島〟です。利尻といえば、利尻昆布が有名ですよね。出汁が濁らないと評判で、高級昆布として流通しています。そんな利尻の漁師さんたちを長年悩ませているのがウミネコのフン害です。干している昆布にフ

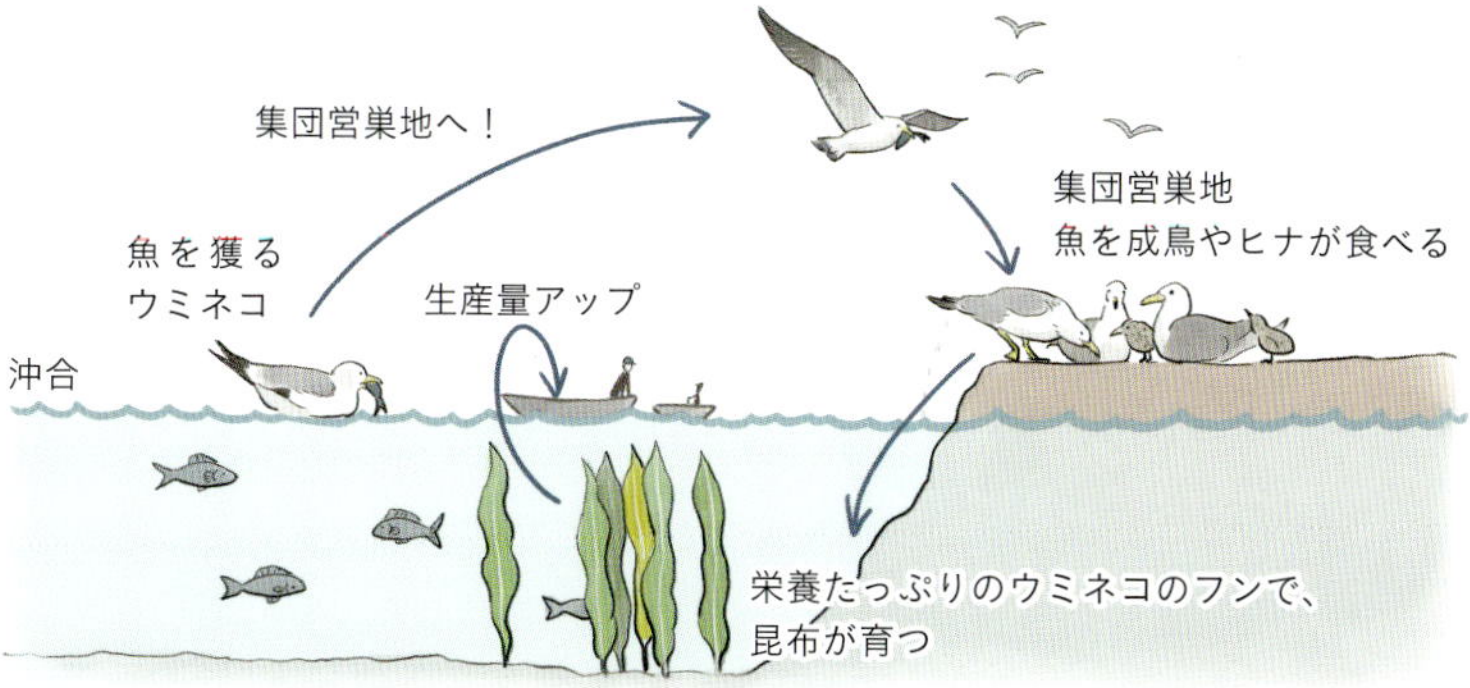

利尻島のウミネコは営巣地から100km以上も沖合で窒素などを含む魚を獲って運ぶ。その魚を食べた成鳥やヒナがフンをし、それが雨水や地下水に溶け込んで、沿岸部へと流れ出る

フン害というある一方だけを見るのではなく、生態系全体を見て、うまく折り合いをつけて共存していくことが大切

ウミネコ
Larus crassirostris

チドリ目
カモメ科カモメ属

全長：約46cm

ンが付着し商品価値がなくなってしまうのです。しかし研究の結果、ウミネコのフンに含まれる栄養分が昆布を育み、離れた場所と比べ、なんと2倍も生産量が増えることが明らかになりました。

あらゆる生物は生態系の中で何かしらの役割を果たしていて、それが人間に利益をもたらすことがあります。このような「生態系サービス」により、多くの生物から人間は多大な利益を得ていると言われています。利尻の場合も、フン害対策を含め、人間とウミネコの共存の道を模索し続けることが重要です。

コアジサシ

夏の日差しが強い砂地で子育てに奮闘する

この爽やかなルックスもさることながら、「キリッキリッ」と鳴く声もまた清涼感たっぷりで、夏気分を盛り上げてくれる

メスは、翼を細かくふるわせながら、口を開けて魚をねだる。その仕草は、まるでヒナのようで愛らしい

ヒナたちは、石の陰などに身を隠し、親が食料を運んでくるのを待つ。親が戻ると「ピィピィピィ」と大きな鳴き声で自分の居場所を知らせる

コアジサシは、「裸地《らち》」と呼ばれる植物や建造物がないむき出しの地面に営巣する。太陽光を遮るものがないため、特に暑さ対策が必要。親鳥は卵を冷やしたり温めたり大変！

白を基調とした爽やかな羽色が、夏の海に映えるコアジサシ。黄色い嘴も差し色になってオシャレです。ヒヨドリほどの大きさですが、翼を広げると約53cmにもなり、海上を飛ぶ姿は見応え十分。夏に子育てをするために日本へ渡ってくる夏鳥です。

コアジサシは砂浜や河川の中洲などの、何もない砂地で子育てを行います。それも集団で行うので、だだっ広い砂地が必要。オスはメスに、魚をプレゼントして猛アピール。そして、子育てに適した砂地へパートナーを誘うのです。この時期は、メスもプレゼントをおねだりする様子が見られます。その甘えたように見える様子が、愛らしくてたまりません。

卵を産むと、メスとオスの交代で抱卵を行います。夫婦、力を合わせての大奮闘。しかし時期は夏。それに日陰などない砂地です。卵が茹だってしまっては困る！　親は卵の上に立って日陰をつくったり、おなかを濡らした状態で抱卵するなど、試行錯誤の連続となります。

こうして両親に守られて無事に孵化したヒナは、なんとスタスタと歩いて自ら巣から出ていってしまいます。親不孝な行動にも見えますが、実はしっかり者。早熟性で、孵化後2日ほどで自ら身を隠せる場所に移動するのです。とはいえ、親の付き添いはまだ必要なよう。親が日陰をつくってあげたり体を冷ましてあげたり、時には外敵を追い払ったりと、親子の時間はしばらく続きます。

コアジサシ
Sternula albifrons

チドリ目
カモメ科コアジサシ属

全長：約28cm
＊絶滅危惧Ⅱ類

カワウ

大雨の時は飛べません、だけど上手に潜れます

日光浴をしているカワウは、気持ちよさそうに見える。しかし、こうしないと飛べないため、必死なのかもしれない

スズメ

鳥にとって羽のメンテナンスはとても重要。1日の大半の時間を羽づくろいに使っているほど

水面を泳ぐ他の水鳥と比べると、水上に出ている面積が少ない。遠くから見ると、まるで首だけが泳いでいるかのように見える時もある

全ての鳥には必ず羽毛が生えています。そして、現存する生物で、鳥以外に羽毛が生えているものは他にいません。空を飛んだり、体温を維持したり、水をはじいてくれたりと、鳥の羽はとても大切な働きをしています。そんな鳥の尾羽の付け根には「尾脂腺」と呼ばれる突起があり、ここから分泌される油分を羽毛に塗って防水性や耐久性を高めています。水鳥ではこの器官が特に発達していると言われています。これを活用して、水面に浮かんでいられるというメリットもあるのです。

しかしカワウの場合、この尾脂腺があまり発達していません。そのため、羽毛は油分が少なく、水が染みこみやすくなっています。水面を泳いでいるカワウを見ると、カモなどと比べて体が沈んで見えるのはこのためです。「致命的な弱点では？」と思ってしまいますが、実はこれを強みにしているのがカワウのすごいところ。撥水性が低く水を吸いやすいことを活かし、水中に潜って自由に泳ぎ回ることで魚を捕まえているのです。

とはいえ弱点になることもあります。カワウの羽毛は乾きにくく、水分を含んだままだと重くて、しばらく飛べないのです。そのため、翼を大きく広げて乾かす必要があります。また、飛んでいる最中に大雨に遭うと、羽毛が水を含んで、堕ちてしまうこともあるのだとか。

不器用なのかすごいのか。このギャップがカワウの魅力かもしれません。

カワウ
Phalacrocorax carbo

カツオドリ目
ウ科ウ属

全長：約82cm

ヨシゴイ

言いにくいのですが ヨシよりガマが好きです

オスの方が白っぽい色をしていてすっきりした印象。メスは、全体的に黄色味が強く、胸の縦斑とあいまってワイルドな印象

この2種の植物を比べると、ヒメガマの方が水深の深い場所に育つ傾向がある。また、ヨシの茎は、太くて硬いことが知られているが、ヒメガマの茎は細め

ヨシゴイは、体の色とフォルムから「ミョウガの妖精」と呼ばれることもある

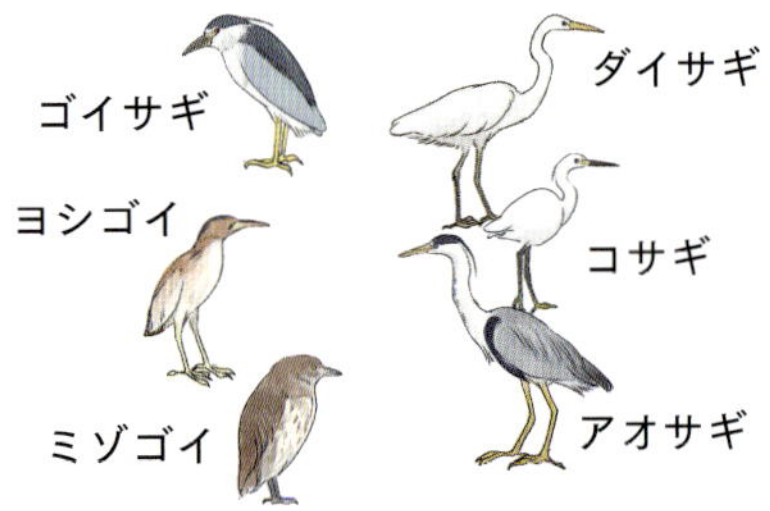

「○○ゴイ」と呼ばれるサギの仲間も実は首は長く、狩りの時などに伸ばす姿が見られる。またサギの仲間は、首を縮めて飛ぶ特徴がある

サギの仲間の中で、すらっとした体型のものは「〇〇サギ」と呼ばれています。アオサギ、ダイサギ、コサギなどが代表例です。一方、ずんぐりとした体型のものを「〇〇ゴイ」と呼ぶ傾向があります。これは、ゴイサギ（168ページ）に由来すると考えられています。ヨシゴイは、ヨシ原を好む、ずんぐりとしたサギなので、そう呼ばれているわけです。

初夏に日本へ飛来するヨシゴイ。日本のサギの中では〝最小の鳥〟でもあります。危険を感じると首をまっすぐ上へ伸ばして、草になりきって危険を回避。

メスは特に、首から胸にかけて縦斑があり、より草になりきれそう。一方オスは、頭頂に青みがあり端正な印象を受けます。

そんなヨシゴイは、実はヨシよりヒメガマが好きかも？　という研究があります。埼玉県での調査によると、調査地内のヨシ原面積に対し、ヒメガマの群落面積はわずか2・5％以下だったにもかかわらず、巣の約6割がヒメガマの沼地につくられていたのです。これは、ヒメガマが密集している場所の水深が深く、イタチなどの外敵が近づけないという理由があるようです。また、ヘビが、ヨシの茎と葉をうまく使って、ヨシ原の上を移動できるのに対し、ヒメガマの葉は柔軟でしなるため近づけないのだとか。外敵に襲われにくい場所をちゃんと選んで巣をかけているのですね。それにしても、ヨシゴイなのにヨシよりガマが好きとは。

ヨシゴイ
Ixobrychus sinensis

ペリカン目
サギ科ヨシゴイ属

全長：約36cm

ゴイサギ

実は高貴な鳥？ 天皇に位を賜ったサギ

首は意外に長い。狩りなどの際に伸ばすところを見ると、驚かされる

『平家物語』の巻第五収録の「朝敵揃（てうてきぞろへ）」にゴイサギが登場する

野鳥保護や野鳥調査のNPO団体が、環境省にゴイサギの現状を報告。その後、専門家による審議などを経て、2022年に狩猟対象種から外れることが決定した

ペンギンと間違われることがあるゴイサギ。ただ、多くのペンギンは黒っぽい色をしている

ずんぐりとしていて首が短く、頭から背にかけて紺色をしていることから、ペンギンと間違われることもあるゴイサギ。しかし、首は縮めているだけで実は長めです。それに、よくイラストで描かれるペンギンは青いですが、実物を見ると黒っぽいものが多いので、イメージの問題かもしれません。

　ゴイサギはサギの仲間。サギと聞くと「スッとしたスリムな体型」を想像しますが、ゴイサギは丸っこくて可愛い鳥です。そして夜行性。夕方になると活動的になり、川で魚を狩っている様子をよく見かけます。

　名前に「五位」と入っていますが、これは昔の階級制度で〝貴族〟とされる位。『平家物語』では、醍醐天皇がゴイサギの行いにとても感心して、五位の位を授けたと伝えられています。だからゴイサギと呼ばれているのです。

　しかし、その後が少しかわいそう。「今日より後は、鷺《さぎ》の中の王たるべし」と書かれた札を、首にかけられて放されたのだとか。天皇の直筆お札とはいえ、その後、「いろいろな意味で生活しづらかっただろうな」と推察されます。

　ゴイサギは、近年顕著に数を減らしています。外来種や農薬などの影響で食べ物が不足しており、２０２２年に狩猟鳥獣から外されたものの、人の影響も無視できません。「かつては一番多くいたサギ」と言われているだけに、この貴族の復活を願いたいと思います。

ゴイサギ
Nycticorax nycticorax

ペリカン目
サギ科ゴイサギ属

全長：約58cm

アオサギ

ヒナより自分の命が大切？　国内最大級の大型サギ

じっとしている姿をよく見かけるが、飛ぶ姿はとてもダイナミック！

たびたび、謎のポーズが話題となる。日光浴という説もあるが、ハッキリとはしていない

身近で見られる鳥の中で、最大級の大きさを誇るのがこのアオサギです。全長が約93cm。翼を広げると最大で２ｍに達するものもいるほど。そして、印象的なのが大きな口で、巨大な獲物もゴクリと丸呑みにしてしまいます。

そんなアオサギですが、可愛いはずの我が子より自分の身の安全を優先する？　という興味深い報告があります。

調査の舞台となったのは、青森県のとある沼。巣に襲来する外敵への反応を調べたところ、最も多く現れたのはカラスでした。カラスは何度もアオサギの

古代エジプトでは、神は鳥獣の頭部を持つ人の姿で描かれることが多いが、ベンヌはアオサギのままの姿で描かれた

一般的に寿命が長い種は、巣よりも自分自身の安全を優先する傾向がある。自分が生きのびれば、また繁殖のチャンスがめぐってくるためだと言われている

卵やヒナを捕食しましたが、親鳥はカラスが巣に入ってくるまで、何もしなかったのです。一方、ワシやタカの仲間が襲来した時は、激しく威嚇することもあれば、飛んでいってしまうこともあったそう。これは、アオサギの親鳥が、自身を襲わないカラスは放っておき、自身を襲いそうな猛禽類には対抗したり逃げたりした、ということのようです※。

ともあれ、時折、すっくと直立姿勢をとるアオサギの姿はどこか神々しく、古代エジプトの神話に登場する不死の霊鳥「ベンヌ」のモデルとも言われます。ベンヌという名前は、「立ち上がる者」を意味する言葉から来ているという説があります。

※この調査ではカワウ（164ページ）も調べられたが、猛禽類に対してカワウは警戒するものの、アオサギほど威嚇しなかった。カワウが自分たちの身を守るのに、アオサギを利用（便乗）したのではと考えられている

アオサギ
Ardea cinerea

ペリカン目
サギ科アオサギ属

全長：約93cm

年中見られるサギだけど実は季節で入れ替わっている

大きな獲物を食べていると、口が裂けて見えるほど開く。太ったブラックバスなども一口で食べてしまう

この2亜種が一緒にいる場面は多くはないが、脚の付け根の色が見分けのポイント

同じ白いサギでも、大きさによって大・中・小の3種が存在する

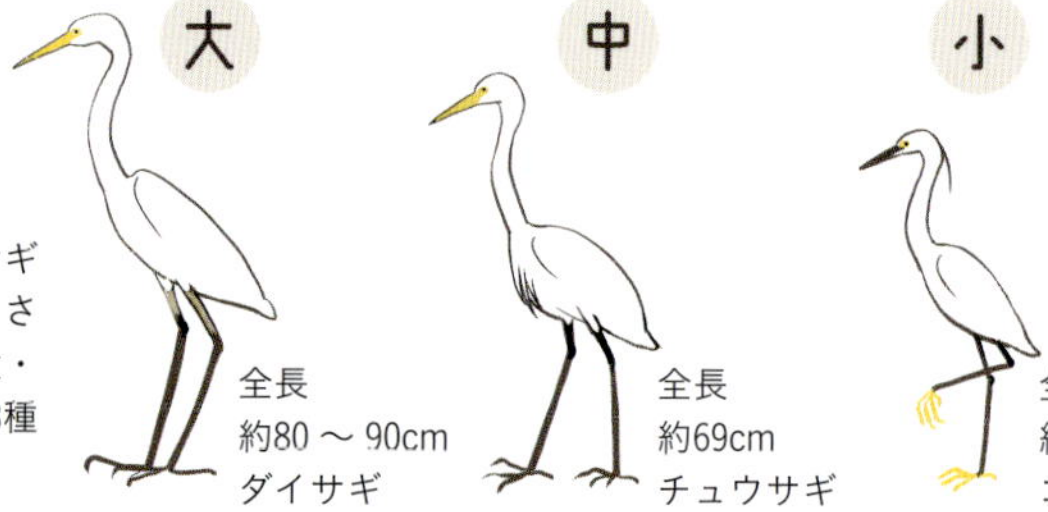

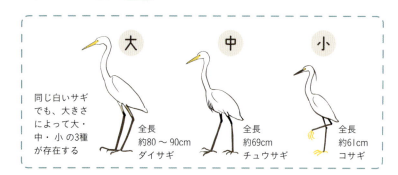

日本で見られる〝シラサギ〟の中で、最大の大きさを誇るのがこのダイサギです。一番小さなコサギ。中ぐらいのチュウサギ。そしてダイサギ。すごくわかりやすいですよね。

ダイサギは、小さな水路から海岸まで、幅広い水辺で一年中見ることができる鳥です。都市公園の池にも姿を見せることがあります。

「口に入るものならなんでも食べちゃうんじゃ?」と思うほど食の好みは広く、魚類、甲殻類、爬虫類、そして小型の哺乳類も捕食。モグラを食べるダイサギを見たことがあるほどです。大きな口で獲物を捕らえ、丸呑みにしてしまいます。

そんなふうに一年中見られるダイサギですが、実は冬と夏ではグループが入れ替わっています。冬に全国に飛来するグループを「亜種※ダイサギ」、夏に本州・四国・九州などで子育てをするグループを「亜種チュウダイサギ」と呼びます。こうして、冬と夏では違う〝ダイサギ〟に入れ替わっているというわけ。

そして、亜種ダイサギは亜種チュウダイサギより全長が約10cm大きく、脚の付け根あたりが黄色っぽいのが特徴です。

それにしても、チュウサギより大きくて、ダイサギより小さいのが、チュウダイサギとは。初めてこの話を聞いた時、つい笑ってしまったものです。

※亜種とは、同一の種ながら生活環境や生活パターンの違いによって、体型や羽色などに違いが生じたグループのこと

ダイサギ
Ardea alba

ペリカン目
サギ科アオサギ属

全長:約80～90cm

コサギ

恋すると顔が赤くなる？ 狩りの様子もお見逃しなく

コサギは、黒い嘴と、まるで黄色の短いソックスをはいたように見える足先が特徴

日本で見られる〝シラサギ〟の中で、一番小さいのがこのコサギです。漢字で「小鷺」と書き、小さいサギというのが名前の由来。体が小さいだけでなく、趾が黄色いのも特徴です。狩りの方法だって独特。脚を水の中でガサガサと動かします。脚を少し前に出してガサガサ。特に草陰などをガサガサ。すると、隠れていた小魚が驚いて飛び出します。そこをすかさず、嘴で素早く捕らえるのです。

もう一つ注目したいのが「婚姻色」。サギの仲間は、繁殖期にあたる春から初夏のうち、交尾前後のごく短い期間、皮膚が

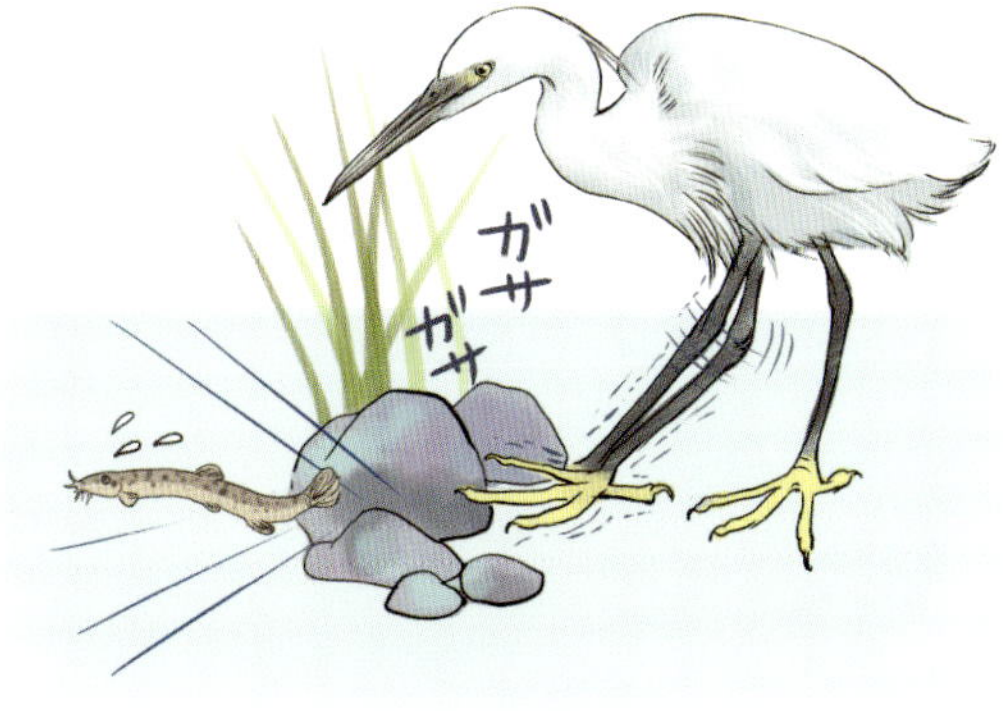

慎重かつ小刻みに足先をふるわせる様は、なんともいえない愛嬌がある

コサギの婚姻色。目先の部分は濃いピンク色、足先は朱色、どちらも赤系の色に変化する

ダイサギの場合、目先の部分は緑色が濃くなり、虹彩が赤くなる

露出している部分が一時的に変色します。これが婚姻色と呼ばれる現象。他の白鷺類の目先がエメラルドグリーンになったり、虹彩（目）が赤くなったりするのに対し、コサギの場合、目先と足先が赤く染まります。恋の季節に顔を赤く染めるとは、なんとも素敵ですね。

コサギ
Egretta garzetta

ペリカン目
サギ科コサギ属

全長：約61cm

カワセミ

生まれてすぐマナーを守る？水路にもいる青い宝石

清流を飛ぶカワセミの姿は、まるで宝石のように美しい。カワセミは漢字で「翡翠」と書くが、宝石の翡翠（ヒスイ）の名前は、カワセミの美しい羽色にちなんでつけられたと言われる

本来、水辺の土手や崖に穴を掘って営巣をするが、近年は、工事などで一時的に出現する“盛り土”に巣をつくることもある

廃棄物が放置された川でも見かける。「キーッ」という自転車のブレーキ音のような鳴き声が聞こえたらカワセミかも

カワセミのヒナの規則正しい食事のローテーション

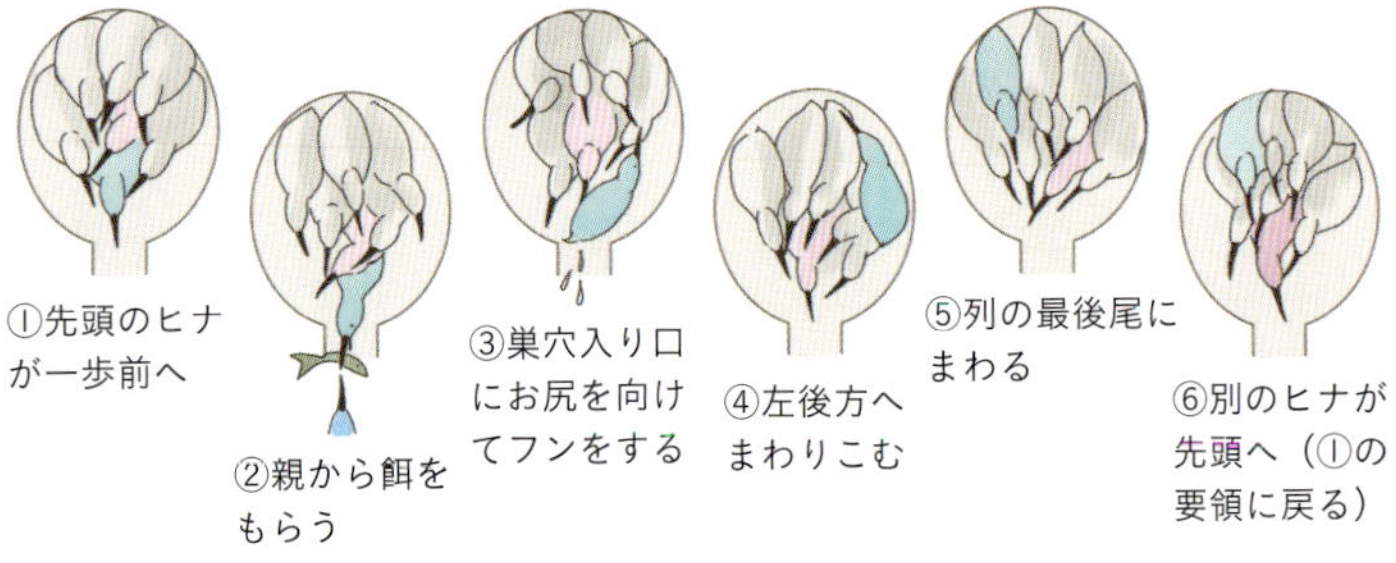

出所：矢野 亮「自然教育園におけるカワセミの繁殖について（第7報）」（『自然教育園報告』48号、pp.55~77、2017年）を参照して作成

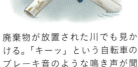

「清流の宝石」とも呼ばれ、山奥でしか出会えないというイメージもあるカワセミ。実際、公害や水質汚染などにより、東京では〝幻の鳥〟と言われたほどです。しかし、1980年代ごろから徐々に都内に戻ってきて、今では都市公園や都市河川でも普通に見かけるようになりました。都会のカワセミたちはたくましく、工事現場の盛り土やコンクリート護岸の排水パイプなどに営巣した記録もあるほどです。

そんなカワセミですが、ある調査で、巣の中が撮影され、ヒナたちの興味深い行動が明らかになりました。

一見すると、団子状態に密集しているヒナたち。しかし、親から餌をもらったヒナは列の最後尾に移動しました。そして、次のヒナの番。という具合に、順番に餌をもらっていたのです。生まれて間もないというのに、驚きです。

しかし、中には順番を守らないものもいたのだとか。魚をもらっても先頭に居座ったり、最後尾に移動せずに横入りしようとしたり。これは、もらった餌の大きさが関係しているようです。大きな魚をもらったヒナは行儀良く最後尾に移動しますが、小さな魚をもらったヒナにはズルするものが出てきました。親も同じ大きさの魚が獲れるわけではないですからね。それでも争う様子はないため、ヒナたちの〝暗黙のルール〟があるのかもと考えられています。

カワセミ
Alcedo atthis

ブッポウソウ目
カワセミ科カワセミ属

全長：約17cm

身近な鳥も減っている

鳥の数は減少の一途をたどっています。WWF（世界自然保護基金）が2024年に発表した「生きている地球レポート2024」では、過去50年間で、生物の豊かさを表す「生きている地球指数」が73%低下していると報告されました。個人的にも、水辺の鳥や公園の鳥たちの数が減ってきていると実感します。「昔はもっと多くの鳥が来ていたのに」という声を聞くことも増えました。

同年、里山の生き物が急速に減っているとの報告書を、環境省が発表しました。減っている生き物の中には、スズメやセキレイ類など、私たちに身近な種も含まれていたのです。そして驚くことに、これらの減少率は、「環境省の絶滅危惧種の判断基準を満たしうる値※」と報告されています。

地球温暖化が叫ばれ始めて、およそ50年が経ちました。環境問題、温暖化、脱炭素などのニュースを見ていても、ピンとこないことがほとんどかもしれません。しかし、身近な鳥の観察を続けていく中で、少しずつ自然に起きている変化を知ることができます。日ごろの散歩や通勤・通学の途中で出会う鳥たち。その鳥たちを見ているだけで、ニュースを見る目も変わってくる気がします。

※今回の調査に限った結果であることから、これのみで絶滅危惧種指定はされない

第6章

まだいる！　こんな鳥

サンコウチョウ

ロマンティックな歌声！光り輝く黒い天女？

メスはオスと比べて、尾羽が短く、アイリングが小さめで、体の上面が茶色がかっている

サンコウチョウの長い尾羽はオスだけのもので、メスの尾羽はそれほど長くはありません。そして、オスも立派な長い尾羽になるまでに、数年かかると言われています。

サンコウチョウは、本州以南に飛来する夏鳥で、山地の沢が流れる林などで子育てを行います。しかし、山に会いに行くより、「都市公園で出会うのが楽しみ！」という方もいるはず。というのも、4～5月ごろ、渡りの途中で都市公園などに立ち寄る様子が観察できるからです。日ごろ散歩をしている公園も、サンコウチョウが来ると一気に

サンコウチョウが都市公園に来て、人々の話題になることも。もしかしたら、近くにいる他の鳥たちもソワソワしているのかも？

成鳥の尾羽は繁殖期には、約30cmにもなる。若鳥の尾羽が成鳥と同じようになるには、2〜3年ほどかかると言われている

サンコウチョウ
Terpsiphone atrocaudata

スズメ目
カササギヒタキ科
サンコウチョウ属

全長：オス約45cm
　　　メス約18cm

こんなに詩的で壮大な名前を持つ鳥は、そういない

華やぎます！　ひらひらと尾羽をひるがえして飛ぶ姿は、〝天女〟と呼ばれることもあるほどです。

サンコウチョウは漢字で、「三光鳥」と書きます。三つの光の鳥。これは、鳴き声に由来しています。サンコウチョウの場合、「ツキヒーホシホイホイホイ」と鳴き声を聞きなします。これが、月・日・星と三つの輝く天体をイメージさせ、三つの光の鳥となったわけです。ちょっと素敵すぎませんか？　個人的には、鳴き声の最後につく「ホイホイホイ」という部分が可愛くて好みです。

ガビチョウ

歌がうまくて外来種？ 藪の中からこんにちは

中国名は「画眉」で、目の周りに化粧をしているように見えるのが由来と言われる。日本でも、漢字では「画眉鳥」と書く

出所：バードリサーチ「外来鳥ウォッチ　外来鳥分布状況」(https://www.bird-research.jp/1_katsudo/gairai/) を参照して作成

ガビチョウの生息域。東北地方南部と関東の西部では特に分布が拡大し、生息域がつながったと考えられる。似た環境に住むウグイスなどへの影響が調べられている

生態系は、長い年月をかけて絶妙なバランスで成立している。ここに外来種が入ってくると、人間や農林水産業にまで影響を及ぼす場合がある

さえずりの上手な野鳥といえば、オオルリやウグイスなどの名前がよくあがります。しかし、本当はガビチョウを思い浮かべつつも言い出しにくい人もいるはずです。というのも、この鳥は「外来種」といって、人間の手によって本来の生息地以外へと持ち込まれ、住み着いてしまった存在だから。

しかし、ガビチョウの歌は絶品です。声量豊かな歌声に抑揚の効いたビブラートをかけ、他の鳥の歌声まで上手に真似てみせます。低木林の藪の中から、その美しい声が聞こえると、最初はびっくりするほど。実際、本来ガビチョウが生息する中国南部などでは、歌声が愛され、飼い鳥として人気なのだとか。日本にも、ペット用に輸入されましたが、逃げ出したり、飼い主が放鳥したりして、野生化したと考えられています。

ハワイでは、ガビチョウが侵入して在来種の鳥が減少していると言われています。日本では、今のところ決定的な問題は見つかっていないのですが、生息地も拡大しており、無視できる存在ではありません。連れてこられただけのガビチョウを思うと、人間が身を引き締めて考えるべき問題だと感じます。

ホーホケキョ！
ツクツクオーシ！
ツキヒホシ
ホイホイホイ
キビタキ

ガビチョウは歌がうまく、ツクツクボウシなどの鳴き声も器用に真似る。他にツクツクボウシの鳴き真似をする鳥としては、キビタキが有名

ガビチョウ
Garrulax canorus

スズメ目
ソウシチョウ科ガビチョウ属

全長：約25cm

オオルリ

公園でも出会えるかも？宝石のように美しい鳥

山地の沢筋の林縁や、湿地を伴う低木林などを好む

その流麗なさえずりから、コマドリやウグイスと並び「日本三鳴鳥」と呼ばれることもある

「憧れの鳥、憧れていた鳥は？」と聞かれて、オオルリと答える方も多いのではないでしょうか？　美しい羽色と歌声で多くの人を魅了してやまない、野鳥界のアイドル的な存在です。

春に繁殖のため日本に飛来し、夏の時期には、主に山地の渓流沿いなどでその姿を見つけることができます。そして実は、春と秋の渡りの時期に、都市公園などにも立ち寄ることがあります。

オオルリといえば、なんといってもその美しい羽色が印象的です。「大瑠璃」と漢字で表記されることからもわかるよう

“瑠璃”の名がつく鳥たち！　あなたはどの青い鳥が好み？

ルリカケス
奄美諸島だけに生息する日本固有種

ルリビタキ
冬になると平地や都市公園でも見られる

コルリ
夏に繁殖のために飛来する夏鳥

オオルリ

オオルリ
Cyanoptila cyanomelana

スズメ目
ヒタキ科オオルリ属

全長：約17cm

ラピスラズリは、現在のアフガニスタンが主な産出地。海を越えてヨーロッパに来たという意味で、これでつくられた顔料が「ウルトラ（越える）」「マリン（海）」と名づけられた

に、鮮やかな瑠璃色が見るものを魅了します。瑠璃色とは、青色の中でも最上の青に用いられる美称で、鉱石の「ラピスラズリ」の色を意味します。日本では、仏教の七宝の一つとして古くから重宝された宝石の色。そんな色名をつけられたオオルリは、まさに生きた宝石と呼べるほど美しい鳥と言えそうです。

日本に生息する鳥で〝瑠璃〟が名につくのはオオルリ、コルリ、ルリビタキ、ルリカケスの4種。どの鳥も見られる季節や場所が限られますが、最上の青をまとう鳥を探しに出かけるのも、楽しいかもしれません。

コマドリ

名前を間違えられた赤い日本三鳴鳥

岩や倒木の上などで、天を仰ぐようにして胸を張り、尾を上げてさえずることが多い。小さい鳥だが、勇ましさを感じるほどのたたずまい

スズタケなどのササが茂る環境を好む。近年、増加中のシカがササを食べてしまうことも、コマドリの数が減っている原因の一つと考えられている

テミンク（左記）にしてみれば、遠い国の聞きなれない言葉、そしてよく似たオレンジ色の小鳥。間違えるのもわかる気がする

いずれも「鳴禽類《めいきんるい》」と呼ばれる、鳴くことが得意な鳥たちのグループに属する

「日本三鳴鳥」とは、日本に生息する野鳥の中で、特に〝鳴き声の美しい3種〟を指した呼び名。ウグイス、オオルリ、そしてコマドリ。この3種が日本三鳴鳥と呼ばれています。しかしこの日本三鳴鳥、どこの誰がつけたのか？　どのように選ばれたのか？　詳しいことは何もわかっていません。一説によると、野鳥の飼育※が盛んだった時代に、鳴き声を競い合う「鳴き合わせ」の中で生まれた言葉なのでは？　とも言われています。

とはいえ、コマドリの鳴き声はすごく印象的。「ヒンカラカラカラ」と森中に響き渡るように大声で鳴きます。この鳴き声が、仔馬の鳴き声に似ていることから「駒鳥」と名づけられました。それに、鳴いている姿が一生懸命ですごく可愛い！「日本で特に〝美しい〟鳴き声か？」と聞かれるとちょっと微妙ですが、元気と勇気がもらえる力強い鳴き声です。

そんなコマドリですが、〝名前を間違われている〟という不運な鳥でもあります。コマドリの学名は「*Larvivora akahige*」。一方、アカヒゲという鳥の学名は「*Larvivora komadori*」です。そう、入れ替わってしまっています。これは、オランダの鳥類学者C・J・テミンクが学名をつける際に取り違えてしまったからだと言われています。日本三鳴鳥ならぬ、〝日本三迷名鳥〟を選出してみても面白いかもしれません。

※現在、野鳥の捕獲や飼育は、鳥獣保護管理法により原則禁止されている

コマドリ
Larvivora akahige

スズメ目
ヒタキ科コマドリ属

全長：約14cm

キジ

鋭い武器を隠し持ち それを使って鬼退治?

オスはなんといっても顔が派手!(繁殖期には赤い部分が肥大し、さらに派手さを増す)。一方、メスはベージュトーンがシックで、こげ茶色のウロコ模様が入りエレガントな印象

オス同士の喧嘩は時にかなり激しい

昔話では「飛び回り、嘴で鬼の目をついた」とよく言われるが、もしかしたら、走り回って蹴ったのかも?

キジのオスを野外で見かけると「本当に鬼退治で役に立ったの?」とよく思います。というのも、いつも驚いたような表情で、人の気配を感じるとスタスタと走って逃げていき、草陰に隠れても長い尾羽は見えているという、少しお間抜けな印象があるから。一方、メスは目の下にアイシャドウが入っているようで、美しいお顔立ちです。雌雄で別の鳥に見えるほど、体の色も顔の印象も違います。

　さて、桃太郎の鬼退治にキジがお供した、というのは誰もが知る昔話。しかし、よく考えると「なぜキジなの?」「タカや

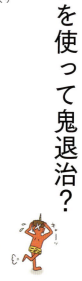

「頭隠して尻隠さず」という言葉は、
キジのこの姿が由来と言われている

ワシを連れて行った方がよかったんじゃ…」と思う方もいるかもしれません。実はキジは、タカやワシも持っていない鋭い武器を隠し持っているのです。

それが「蹴爪《けづめ》」です。蹴爪はオスだけの特徴で、戦いの際に攻撃にも防御にも使える武器となります。爪と呼ばれていますが、人の爪とは違って、中にはちゃんと骨の突起もあり、蹴りを繰り出すことでその威力を発揮するのです。桃太郎もなかなか細かいところに目をつけたな！　と感心してしまいます。

１９４７年には、当時の文部省から鳥類保護のシンボルとして「国鳥」を選定するよう依頼を受けた日本鳥学会が、キジを国鳥に指定しました。その理由の一つに「桃太郎にも登場し、子供にも馴染みがある」というものもあったようで、蹴爪のおかげで日本を代表する鳥となったのかもしれません。

キジ
Phasianus versicolor

キジ目
キジ科キジ属

全長：オス約81cm
　　　メス約58cm

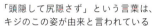

コジュケイ

ちょっと来い！と鳴くが姿は見せず

とてもカラフルで美しい鳥。キジの仲間なので、オスの足にはキジと同じく「蹴爪」と呼ばれる突起がある

太くしっかりした脚で、目の前からあっという間に走り去る

胸を張って大声で鳴く姿はとても堂々としていて、臆病なイメージとのギャップに驚く

コジュケイの他に、ヒキガエルやサンショウウオの仲間など、あまり移動が得意ではない樹林性の生物たちも減少していると言われている

コジュケイは、中国南部など、ごく狭い範囲に生息する野鳥で、ウズラと似ていますが、より色鮮やかで少し大きめ。日本には、1919年ごろに、放鳥されて住み着いたと言われています。下草の茂る森に生息し、数羽の群れで昆虫や種子などを食べて暮らしています。〝森〟と書きましたが、民家の近くの竹藪や雑木林にも住んでいて、比較的身近な鳥です。

しかし、姿を見かけることは稀。なぜなら、彼らはすごく臆病で、なかなか藪の中から出てこないから。時々、ひょっこり林縁の歩道などを歩いているのを見かけますが、こちらに気づくと、ササササッと走って林の中に隠れてしまいます。ただ、鳴き声が大きい！「ビィッググイ、ビィッググイ」と一度鳴き始めたら、息が切れるまでとばかりに鳴き続けます。だから、姿が見えなくても存在に気づくというわけ。この鳴き声が「ちょっと来い！」に聞こえてなりません。藪の中から大声で「ちょっと来い！　ちょっと来い！」と呼びかけてくるのです。当然、行っても姿は見せてくれません。むしろ走って逃げます。目立ちたいのか隠れたいのか？　このギャップがたまりません。

コジュケイは、現在数を減らしていると言われます。外来種ですが、在来種で〝移動能力の低い樹林性の鳥〟が他にいないので、もしかしたら人間の気づいていない問題の現れかもしれないと、調査が進められています。

コジュケイ
Bambusicola thoracicus

キジ目
キジ科コジュケイ属

全長：約27cm

ミゾゴイ

見つけにくい忍者鳥がひょっこり新宿駅に？

長い距離を旅して、
日本へとやってくる

「ボーッボーッ」と夜に山
から鳴き声が聞こえてくる。
フクロウかな？　と思う人
も多いかもしれない

この隠れ身の術は効果絶大。身動きを
しないので、自然環境下では見つける
ことが困難

自然環境下では、絶大な効果を発揮する隠れ
身の術も、新宿駅では目立ってしょうがない

ミゾゴイは、里山や低山の薄暗い森に生息するサギの仲間。夏の繁殖期に日本に飛来します。東アジアのごく狭い地域にのみ生息する鳥で、繁殖地は〝ほぼ日本だけ〟と言われています。そして、冬季は主にフィリピンに渡って越冬しています。

森の中に住む忍者のような鳥でもあり、体色が森に紛れて見つけるのが困難。また、〝隠れ身の術〟を使うことでも有名で、敵の気配を感じると、首を伸ばしてじっと身動きをせず、背景の樹木や草などに擬態して危険を回避します。現在、絶滅危惧種にも指定されており、減少が心配されている鳥でもあります。

そんなミゾゴイですが、なんと〝新宿駅東口〟に突如現れて話題となりました。新宿駅といえば、世界で最も利用者数の多い駅としてギネスブックに認定されたメガステーション。森でひっそりと暮らすミゾゴイにとって、これ以上なく居心地の悪い場所に思えます。その時の写真を見ましたが、首をめいっぱい伸ばしてる！ 隠れ身の術を発動してる！ 一生懸命に背景と同化しようとしていました。しかし、場所は新宿駅。無情にも、全国ニュースにまでなってしまったのです。

ミゾゴイは、旅をする鳥。春や秋の渡りの時期には都市公園にも現れることがあります。新宿駅に降り立った時期は5月。もしかすると、フィリピンから日本へ飛んできて地上に降りたら、そこは世界一の駅だったということかもしれません。

ミゾゴイ
Gorsachius goisagi

ペリカン目
サギ科ミゾゴイ属

全長：約49cm
＊絶滅危惧種Ⅱ類

カッコウ

自分で子供は育てません…他の鳥だますポポピピ

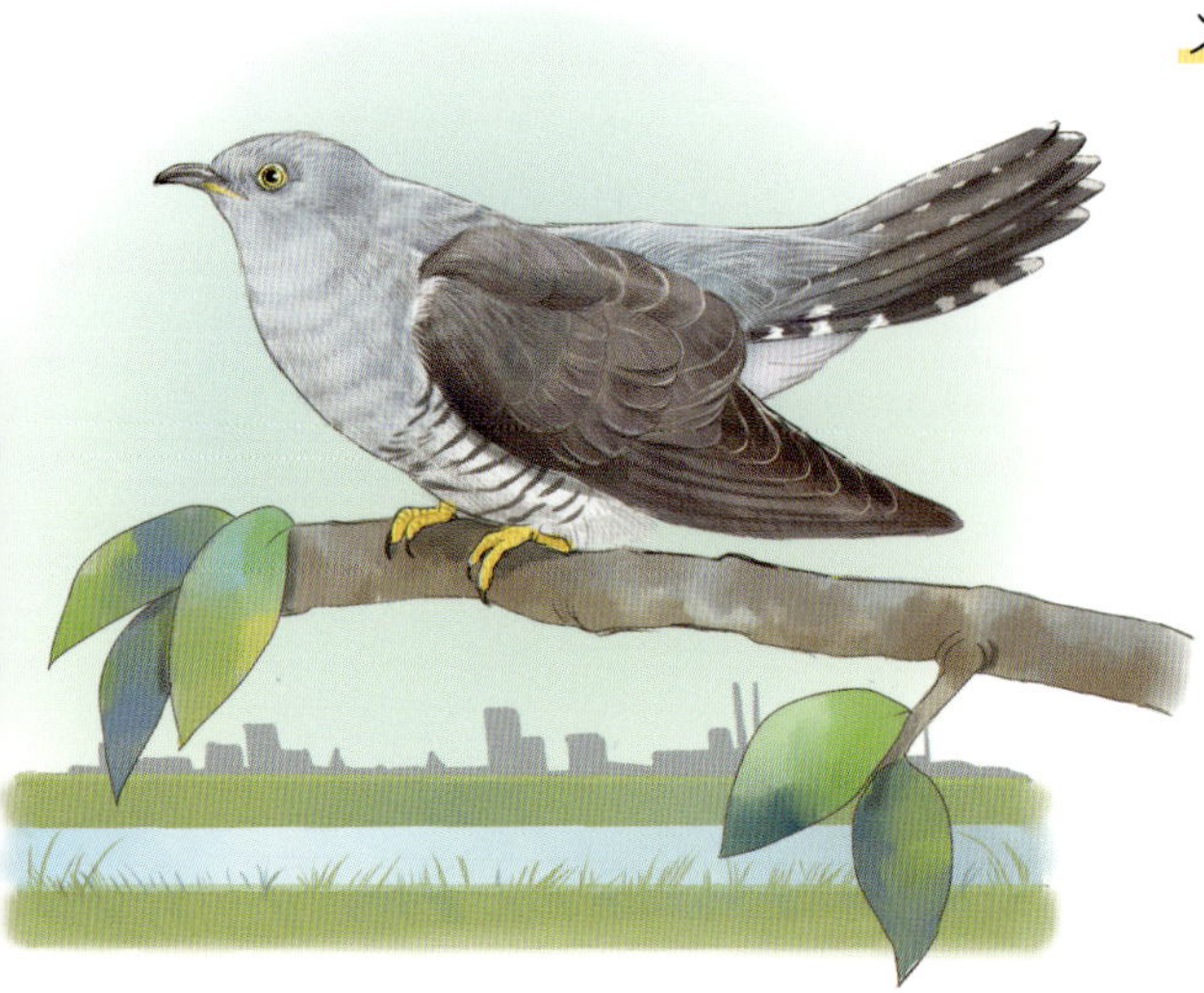

カッコウの鳴き声は、ドラマや映画などの高原のシーンでよく使われる。しかし、意外と私たちの身近にも生息している

カッコウが托卵する相手。その巣は、オオヨシキリやモズ、ホオジロのものがあげられる。しかし近年オナガの巣への托卵も報告されている

カッコウの托卵術

「カッコー」。夏の高原を思い出させるその歌声が、そのまま名前になっています。つまり、自分の名前を叫ぶ鳥というわけ。西日本では山地の明るい林などに生息していますが、北陸や関東以北では河川敷などでも普通に見られます。

ところで、カッコウは子育てを一切行いません。他の鳥の巣に卵を産んで、仮親に子育てをお任せする「托卵」という方法をとっています。つまり、何世代にもわたって、自ら子育てをすることを放棄した鳥なのです。「そんなずぼらな」と思うかもしれませんが、他人に子育てを任せるというのも、たくさんの工夫があって成せる技です。

まず「カッコウ」という鳴き声の他に、「ポピピピ」という鳴き声を出すことがあります。これがすごくタカの鳴き声に似ていて、托卵相手が驚いて巣を離れた隙に、こっそり卵を産みつけるという作戦。見た目も、カッコウと同じぐらいの大きさのハイタカというタカに似ています。声も姿も似せてくるとは、恐るべしカッコウ一族。

それに、ヒナも負けていません。いち早く孵化し、同じ巣にある他の卵を外に落とします。自分だけ育ててもらおうという算段のようです。この時、背負うようにして卵を運ぶのですが、なんと卵をのせやすい〝くぼみ〟まで背中にあるから驚き。これは、他の鳥のヒナと比べ、肩甲骨から背にかけての幅がとても広いから可能になることなのだとか。

カッコウ
Cuculus canorus

カッコウ目
カッコウ科カッコウ属
全長：約35cm

アオバト

温泉を見つける達人？ハトの湯は全国に？

美しい緑色の体色は森の木々に溶け込むように馴染む。オスは翼に赤紫色がにじんだように入り、爽やかな青梅の実を彷彿とさせる

メスはオスのように翼に赤紫色は入らず、全体的に黄緑色

アオバトは、水分の多い果実を好む。これらにはカリウムが多く含まれるが、ナトリウムなどはあまり含まれない

海岸の岩場に集団で飛来し、海水を飲む。森では目立ちにくいアオバトだが、岩礁ではよく目立つ

こんな綺麗な色のハトがいることをご存じですか？　主に山林の鳥なので、見たことがないという方も多いはず。特に緑豊かな夏の時期には、緑に紛れて見つけにくい鳥です。1年を通して果実やどんぐりなどを好んで食べています。

そんなアオバトですが、春から夏にかけて、全国各地で海水を飲む姿が目撃されます。「え？　海水を？」と思われるかもしれませんが、本当に海沿いの磯や砂浜にやってきては、ゴクリゴクリと海水を飲むのです。なぜかというと、春から夏はヤマザクラやノブドウなど果汁の多い果物を好んで食べているので、ナトリウムやカルシウムなどのミネラルが不足してしまうからだと言われています。水分や栄養分を効率よく吸収するため、また、卵の殻をつくるためにもミネラルは重要です。だからミネラル豊富な海水を飲みにやってくるというわけ。

そして、ミネラルを補えるのは海水だけではありません。温泉、鉱泉、工場排水なども利用されます。そんなアオバトが見つけたと言われる温泉が全国にあります。「ハトの湯」と呼ばれる温泉が各地にあることと、無関係ではないかもしれません。

アオバト
Treron sieboldii

ハト目
ハト科アオバト属

全長：約33cm

アオバトが源泉を飲みに群れでやってくることで、有名な温泉地も存在する

おわりに

最後まで、『身近な「鳥」の素顔名鑑』をお読みいただきありがとうございました。「あの鳥はなんだろう?」という素朴な疑問を気軽な気持ちで解決していただきたい。そして、その鳥たちの魅力が伝わり、親しみを感じたり、時にはクスッとしたりしながら読み進めていただけたら…。そんな思いで執筆を進めました。

私たちの身近にも、こんなにたくさんの鳥たちが暮らしています。そして、もう少し興味を広げてみると、もっともっとたくさんの鳥たちが日本には暮らしています。そんな鳥たちと、皆さまの懸け橋となれるような本に仕上がっていたら幸いです。

鳥は、「最も身近な野生動物」と言われることがあります。実際、特に意識していなくてもカラスやハトの姿を見ない日はありません。そして、少し意識をするだけで、この本に登場するような多くの鳥たちの姿を見つけることができます。その鳥たちの背景には、たくさんの生き物や自然の姿が広がっています。「あの鳥は何を食べているんだろう?」「どうしてあんな行動をしているんだろう?」このような素朴な疑問が、鳥にもっと興味を持つきっかけとなり、自然を知るきっかけにもなっていくのだと感じます。

最後になりましたが、SBクリエイティブの田上さまをはじめ制作にかかわってくださった皆さま、普段よりSNSなどで応援していただいている皆さま、そして、研究や観察、執筆などで素晴らしい功績を残されている多くの方々のおかげで、この本が完成しましたことを心よりお礼申し上げます。

参考文献

論文

Alain Blanc, Nicolas Ogier, Angélique Roux, Sébastien Denizeau, Nicolas Mathevon "Begging coordination between siblings in Black-headed Gulls（Coordination de la quémande entre les jeunes de mouette rieuse）"（*Comptes Rendus Biologies* 333巻9号、pp.688-693、2010年）

Giulia Bastianelli, Javier Seoane, Paloma Álvarez-Blancoe, Paola Laiolo "The intensity of male-male interactions declines in highland songbird populations"（*Behavioral Ecology and Sociobiology* 69巻、pp.1493-1500、2015年）

Keith L. Bildstein "Causes and consequences of reversed sexual size dimorphism in raptors : the head start hypothesis"（*Journal of Raptor Research* 26巻3号、pp.115-123、1992年）

Diana A. Liao, Katharina F. Brecht, Lena Veit, Andreas Nieder "Crows 'count' the number of self-generated vocalizations"（*Science* 384巻6698号、pp.874-877、2024年）

Haley E. Hanson, Noreen S. Mathews, Mark E. Hauber, Lynn B. Martin "The Natural History of Model Organisms: The house sparrow in the service of basic and applied biology"（*eLife*、2020年）

Masaru Hasegawa, Emi Arai, Mamoru Watanabe, Masahiko Nakamura "Reproductive advantages of multiple female ornaments in the Asian Barn Swallow *Hirundo rustica gutturalis*"（*Journal of Ornithology* 158巻、pp.517-532、2017年）

Masaru Hasegawa, Emi Arai, Mamoru Watanabe, Masahiko Nakamura "Mating Advantage of multiple male ornaments in the Barn Swallow *Hirundo rustica gutturalis*"（*Ornithol. Sci.* 9巻2号、pp.141-148、2010年）

Hiroyoshi Higuchi "Colonization and coexistence of woodpeckers in the Japanese Islands"（『山階鳥研報』12巻3号、pp.139-156、1980年）

Rina Honda, Nobuyuki Azuma "Asymmetric antipredator behaviour in a mixed-species colony of two non-mobbing bird species."（*Ardea* 109巻2号、pp.167–173、2021年）

Manuela Zapka, Dominik Heyers, Christine M. Hein, Svenja Engels, Nils-Lasse Schneider, Jörg Hans, Simon Weiler, David Dreyer, Dmitry Kishkinev, J. Martin Wild, Henrik Mouritsen "Visual but not trigeminal mediation of magnetic compass information in a migratory bird"（*Nature* 461巻、pp.1274-1277、2009年）

Mark Bonta, Robert Gosford, Dick Eussen, Nathan Ferguson, Erana Loveless, Maxwell Witwer "Intentional Fire-Spreading by 'Firehawk' Raptors in Northern Australia"（*J. of Ethnobiology* 37巻4号、pp.700-718、2017年）

Matthieu Guillemain, Richard W. G. Caldow, Kathy H. Hodder, John D. Goss-Custard "Increased vigilance of paired males in sexually dimorphic species: distinguishing between alternative explanations in wintering Eurasian wigeon"（*Behavioral Ecology* 14巻5号、pp.724-729、2003年）

T. A. Obozova, A. A. Smirnova, Z. A. Zorina "Early Ontogeny of the Behavior of Young in Large-Billed Crows (*Corvus macrorhynchos*) in Their Natural Habitat"（*Biology Bulletin* 45巻、pp.794-802、2018年）

Yu Liu, Elizabeth S. C. Scordato, Rebecca Safran, Matthew Evans "Ventral colour, not tail streamer length, is associated with seasonal reproductive performance in a Chinese population of Barn Swallows (*Hirundo rustica gutturalis*)"（*Journal of Ornithology* 159巻、pp.675-685、2018年）

阿部桂輔、内海絢那、野﨑礼実、松奥三沙、松岡 翔、溝口由佳、吉見祐城、滝 朋子「カモ類によるため池の選択に水生植物が与える影響」（『Strix』25巻、pp.35-43、2007年）

羽田健三、寺西けさい「オオヨシキリの生活史に関する研究　I 繁殖生活」（『日本生態学会誌』18巻3号、pp.100-109、1968年）

臼田隆行「街路樹におけるアオゲラの繁殖例」（『森林野生動物研究会誌』36巻、pp.31-33、2011年）

越川重治「ムクドリの生態系での役割と街路樹のねぐら問題」(『樹木医学研究』25巻2号、pp.73-78、2021年)

横須賀 誠「鳥類は嗅覚を使うのか？」(『化学と生物』49巻8号、pp.573-579、2011年)

関谷義男「隣接する湖沼間で異なる貝類を利用するキンクロハジロ (*Aythya fuligula*) 越冬個体群の餌利用特性とその影響」(新潟大学博士学位論文、2007年)

吉野智生、川上和人、佐々木 均、宮本健司、浅川満彦「日本における外来鳥類ガビチョウ*Garrulax canorus* およびソウシチョウ*Leiothrix lutea*（スズメ目：チメドリ科）の寄生虫学的調査」(『日本鳥学会誌』52巻1号、pp.39-42、2003年)

宮澤 楓、島田将喜「ヤンバルクイナは台石を使用してカタツムリを割る」(『日本鳥学会誌』66巻2号、pp.153-162、2017年)

溝田浩美、布野隆之、大谷 剛「育雛期間の進行に伴うアオバズク*Ninox scutulata japonica* の給餌内容の変化」(『日本鳥学会誌』69巻2号、pp.223-234、2020年)

佐野昌男「北海道利尻島におけるイエスズメの生息確認」(『日本鳥学会誌』39巻1号、pp.33-35、1990年)

三上 修「鳥類による人工構造物への営巣：日本における事例とその展望」(『日本鳥学会誌』68巻1号、pp.1-18、2019年)

山口恭弘、吉田保志子、斎藤昌幸、佐伯 緑「鳥類によるヒマワリ食害」(『日本鳥学会誌』61巻1号、pp.124-129、2012年)

山路公紀、宝田延彦、石井華香「八ヶ岳周辺と高山市におけるジョウビタキ*Phoenicurus auroreus* の繁殖環境の選好性」(『日本鳥学会誌』70巻2号、pp.139-152、2021年)

山路公紀、林 正敏「八ヶ岳とその周辺におけるジョウビタキの繁殖状況と環境の特徴」(『Bird Research』14巻、pp.A23-A31、2018年)

室本光貴、三上 修「ドバトの羽色多型における地域差と新聞記事に見られる経年的変化」(『Bird Research』14巻、pp.S7-S11、2018年)

手井修三、出口翔大「ホオジロの囀りの日周パターンとその年間を通した季節変化」(『福井市自然史博物館研究報告』70号、pp.11-20、2023年)

小池重人「コムクドリの繁殖生態」(『Strix』7巻、pp.113-148、1988年)

小池重人、樋口広芳「気候変動が同一地域の鳥類、昆虫、植物の生物季節に与える影響」(『地球環境』11巻1号、pp.27-34、2006年)

松原健司「手賀沼におけるハシビロガモ(*Anas clypeata*)の消化管内容物」(『陸水学雑誌』53巻4号、pp.373-377、1992年)

上出貴士「個体数と水位がコガモ*Anas crecca*の採食行動の多様性に及ぼす影響」(『日本鳥学会誌』67巻2号、pp.217-226、2018年)

上田恵介「ヨシゴイ*Ixobrychus sinensis*の巣に托卵したバン*Gallinula chloropus*」(『Strix』12巻、pp.224-226、1993年)

上田恵介「ヨシゴイはなぜ集団で繁殖するのか：巣場所選びと繁殖成功」(『Strix』14巻、pp.55-63、1996年)

上田恵介、樋口広芳「個体識別による鳥類の野外調査ーその意義と方法ー」(『Strix』7巻、pp.1-34、1988年)

森本 元「鳥類の羽色と機能～羽色の発色と生物学的背景～」(『色材協会誌』89巻6号、pp.184-190、2016年)

杉森文夫、松原健司、岩渕 聖「手賀沼に飛来するカモ類の環境利用と水質汚濁の関係」(『山階鳥類研究所研究報告』21巻2号、pp.234-244、1989年)

杉田昭栄「鳥類の視覚受容機構」(『バイオメカニズム学会誌』31巻3号、pp.143-149、2007年)

大坂英樹「配偶様式の違いが現れたメジロとウグイスの夜明けの鳴き声頻度」(『BINOS』24巻、pp.27-40、2017年)

中村浩志「カワラヒワ*Carduelis sinica*の誇示行動地域からの分散と繁殖期における社会構造」(『山階鳥類研究所研究報告』22巻1号、pp.9-55、1991年)

田尻浩伸「冬期湛水水田における夜間のマガモ*Anas platyrhynchos*の行動」(『湿地研究』12巻、pp.97-104、2022年)

藤井忠志、渡邊 治「2個体の雄が関与したサンコウチョウの繁殖行動の観察」(『Bird Research』8巻、pp.S25-S30、2012年)

藤原宏子、佐藤亮平、宮本武典「鳥のさえずり：音声学習・知覚の脳内神経機構」(『比較生理生化学』21巻2号、pp.80-89、2004年)

内田 博、大堀 聰、黒江美紗子「オオタカ*Accipiter gentilis*の雄幼鳥の繁殖なわばり確立過程」(『日本鳥学会誌』65巻2号、pp.129-142、2016年)

風間美穂「開放水面に営巣するカイツブリ〜人為がもたらす営巣場所の変化〜」(『きしわだ自然資料館研究報告』9号、pp.1-12、2024年)

平井克亥、安部文子、柳川 久「ハイタカの研究史とそれに基づく保全への提言：特に営巣環境について」(第11回「野生生物と交通」研究発表会、2012年)

平田和彦「厳寒期にコシアカツバメの古巣で一緒に就塒したヒメアマツバメとスズメ」(『Strix』24巻、pp.187-192、2006年)

本村 健、重岡昌子、藤井 幹、松永聡美、出口翔大、水谷瑞希「長野県北部のチョウゲンボウ集団営巣地におけるメス個体間の干渉回避」(『信州大学教育学部附属志賀自然教育研究施設研究業績』60号、pp.1-7、2023年)

矢野 亮「自然教育園におけるカワセミの繁殖について（第7報）」(『自然教育園報告』48号、pp.55-77、2017年)

書籍

mililie/著（イラスト・文/YUKI、文/中嶌真平)『ココロさえずる野鳥ノート』(文一総合出版、2024年)

コンラッド・タットマン/著、黒沢令子/訳『日本人はどのように自然と関わってきたのか 日本列島誕生から現代まで』(築地書館、2018年)

デイヴィッド・ラック/著、丸 武志/訳『天上の鳥 アマツバメ』(平河出版社、1997年)

デビッド・アレン・シブリー/著、川上和人/監訳・解説、嶋田 香/訳『イラスト図解 鳥になるのはどんな感じ？』(羊土社、2021年)

ニック・デイヴィス/著、中村浩志・永山淳子/訳『カッコウの托卵 進化論的だましのテクニック』(地人書館、2016年)

ポンプラボ/編、小宮輝之/監修『鳥の親子＆子育て図鑑』(カンゼン、2023年)

レイチェル・ウォーレン・チャド　メリアン・テイラー/著、上田恵介/監修、プレシ南日子・日向やよい/訳『世界の美しい鳥の神話と伝説』(エクスナレッジ、2018年)

安部直哉/著、叶内拓哉/写真『野鳥の名前 名前の由来と語源』(山と渓谷社、2019年)

江口和洋/編『鳥の行動生態学』(京都大学学術出版会、2016年)

荒俣 宏/著『普及版 世界大博物図鑑4［鳥類］』(平凡社、2021年)

樋口広芳/監修、髙野 丈/著『探す、出あう、楽しむ 身近な野鳥の観察図鑑』(ナツメ社、2022年)

細川博昭/著『鳥を読む 文化鳥類学のススメ』(春秋社、2023年)

山階鳥類研究所/著『山階鳥類研究所のおもしろくてためになる鳥の教科書』(山と渓谷社、2023年)

山岸 哲・宮澤豊穂/著『日本書紀の鳥』(京都大学学術出版会、2022年)

小海途銀次郎・和田 岳/著、大阪市立自然史博物館・大阪自然史センター/編『日本 鳥の巣図鑑 小海途銀次郎コレクション』(東海大学出版会、2011年)

上田恵介/編『遺伝子から解き明かす 鳥の不思議な世界』(一色出版、2019年)

植村慎吾/著、上田恵介/監修『決定版 見分け方と鳴き声 野鳥図鑑350』(世界文化社、2023年)

水谷高英/イラスト、叶内拓哉/解説『フィールド図鑑 日本の野鳥 第2版』(文一総合出版、2020年)

杉本圭三郎/訳『平家物語 (四)』(講談社、1982年)

杉本圭三郎/訳『平家物語 (五)』(講談社、1982年)

菅原 浩、柿澤亮三/編『図説 鳥名の由来辞典』(柏書房、2005年)

川上和人/著、中村利和/写真『鳥の骨格標本図鑑』(文一総合出版、2019年)

川内 博/著、『大都会を生きる野鳥たち』(地人書館、1997年)

日本野鳥の会/編、上田恵介/監修『日本野鳥の会のとっておきの野鳥の授業』(山と渓谷社、2021年)

樋口広芳/著『鳥ってすごい!』(山と渓谷社、2016年)

樋口広芳・黒沢令子/編著『鳥の自然史 空間分布をめぐって』(北海道大学出版会、2009年)

樋口広芳/編『日本のタカ学 生態と保全』(東京大学出版会、2013年)

福田邦夫/著『新版 色の名前507』(主婦の友社、2012年)

柳瀬博一/著『カワセミ都市トーキョー「幻の鳥」はなぜ高級住宅街で暮らすのか』(平凡社、2024年)

濱田信義/著『美しい日本の伝統色』(パイ インターナショナル、2021年)

その他

「日本鳥類目録 改訂第8版」(日本鳥学会、2024年)

IOC World Bird List
https://www.worldbirdnames.org/
*「2024. IOC World Bird List (v14.2)」を参照

World Migratory Bird Day
https://www.worldmigratorybirdday.org/

Birdfact
https://birdfact.com/

Cornell Lab All About Birds
https://www.allaboutbirds.org/

eBird
https://ebird.org/

太宰府天満宮
https://www.dazaifutenmangu.or.jp/

法隆寺
https://www.horyuji.or.jp/

Anne Hay "Adaptations For the Speedy Life Style of Peregrine Falcons" (BUFFALO BILL CENTER OF THE WEST) https://centerofthewest.org/2020/01/28/adaptations-for-speedy-life-style-of-peregrine-falcons/

Conor Gearin, Ariana Remmel, Matthew Studebaker "Some Birds Have Two Voices"（Bird Note）
https://www.birdnote.org/podcasts/birdnote-daily/some-birds-have-two-voices

Helen Walbank "Bird Profile – Hawfinch"（Andalucía Bird Society）
https://www.andaluciabirdsociety.org/article-library/about-birds/308-bird-profile-hawfinch/

Julia John "AUSTRALIAN 'FIREHAWKS' USE FIRE TO CATCH PREY"（THE WILDLIFE SOCIETY）
https://wildlife.org/australian-firehawks-use-fire-to-catch-prey/

Katie Langin「鳥の胚は鳴き声を聞き分けている」（ナショナル ジオグラフィック）
https://natgeo.nikkeibp.co.jp/nng/article/news/14/9891/

竹山栄太郎「都心再開発に緑地空間続々 東京・大手町はエリア最大級6000m²」（SDGsACTION）
https://www.asahi.com/sdgs/article/14876274

WWFジャパン「生きている地球レポート2024」
https://www.wwf.or.jp/activities/lib/5751.html

臼井裕香「鷽替え神事の鷽…開運のマスコット」（名古屋市博物館）
https://www.museum.city.nagoya.jp/collection/data/data_55/index.html

横田 絢「なぜこんな場所に...？ JR新宿駅前に現れた謎の鳥、まさかの絶滅危惧種だった」（Jタウンネット）
https://j-town.net/2020/06/23306540.html

加藤ななえ「カワウのほん」（バードリサーチ）
https://www.bird-research.jp/1_katsudo/kawau/kawaunohons.pdf

環境省「環境省レッドリスト2020」
https://www.env.go.jp/press/107905.html

環境省自然環境局 生物多様性センター「モニタリングサイト1000里地調査 2005-2022年度とりまとめ報告書」
https://www.env.go.jp/content/000255577.pdf

紀宮清子「テミンクと日本産鳥類 ーC.J.テミンク『新編彩色鳥類図譜』ー」（山階鳥類研究所）
https://www.yamashina.or.jp/hp/yomimono/shozomeihin/meihin12.html

橋本啓史、須川 恒「琵琶湖に生息する鳥類」（滋賀県琵琶湖環境科学研究センター）
https://www.lberi.jp/iframe_dir/biwako/tori.html

国立環境研究所「侵入生物データベース ガビチョウ」
https://www.nies.go.jp/biodiversity/invasive/DB/detail/20150.html

山階鳥類研究所「ドバトの羽色とその地域差」
https://www.yamashina.or.jp/hp/kenkyu_chosa/dobato/hato444.html

滋賀県「滋賀県で大切にすべき野生生物ー滋賀県レッドデータブックーについて」
https://www.pref.shiga.lg.jp/ippan/kankyoshizen/shizen/322847.html

小池重人「コムクドリの生活史を調べる ～2～」（コムクドリ研究グループ）
https://agropsar-philippensis.jimdofree.com/2019/08/29/コムクドリの生活史を調べる-2/

植田睦之「日本の森の鳥の変化：アオゲラ」（バードリサーチ）
https://db3.bird-research.jp/news/202305-no1/

川内 博「イソヒヨドリはなぜ内陸部に進出するのか・謎解きに挑戦中！」（山階鳥類研究所）
https://www.yamashina.or.jp/hp/yomimono/isohiyodori_mrkawachi.html

中村浩志「研究と育児の両立忙しく 5年間の研究成果論文に」（中村浩志国際鳥類研究所、『週刊長野』掲載記事）
https://hnbirdlabo.org/index.php/weekly-nagano-my-journey-column-serialization/weekly-nagano-myhistory_vol12/

朝日新聞「コムクドリの産卵、30年近くで2週間早まる 温暖化で」（朝日新聞デジタル）
https://www.asahi.com/special/070110/TKY200705210141.html

鳥類繁殖分布調査会「全国鳥類繁殖分布調査報告 日本の鳥の今を描こう 2016-2021年」
https://bird-atlas.jp/news/bbs2016-21.pdf

日本鳥類保護連盟「ワカケホンセイインコとは」
https://www.jspb.org/wakake

富田直樹「日本全国で観察されたオオジュリンの尾羽の異常」（山階鳥類研究所）
https://www.yamashina.or.jp/hp/ashiwa/news/201405oojurin.html

福田道雄「オナガガモのつがい形成行動とその進行過程」（東アジア地域ガンカモ類保全行動計画・重要生息地ネットワーク）
http://www.jawgp.org/anet/jg006c.htm

日本芸術文化振興会「天神さまと鷽替えの神事」（文化デジタルライブラリー）
https://www2.ntj.jac.go.jp/dglib/contents/learn/exp2/exp2_new/w/197.html

防衛省・自衛隊「＜こどもQ&A＞　Q：なぜめいさいがらの服をきているの？」
http://www.clearing.mod.go.jp/hakusho_data/2011/2011/html/nc3r0000.html

加藤ゆき「アオバトのふしぎ」（『自然科学のとびら』25巻2号、pp.10-11、2019年）

『BIRDER』（文一総合出版、2019年3月号）

「和泉市久保惣記念美術館デジタルミュージアム」より、宮本武蔵「枯木鳴鵙図」（和泉市久保惣記念美術館〈大阪府和泉市〉所蔵、125.5×54.3cm、江戸時代の制作）

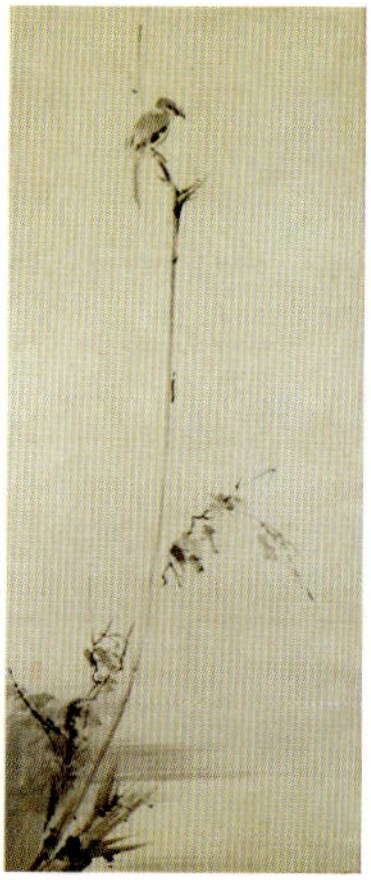

ⓒ和泉市久保惣記念美術館
関西学院大学総合教育研究室

ま

や・ら・わ

＊さくいんは207ページ（次々ページ）から始めています

さくいん　＊主なページを記載

イラスト・文　mililie（ミリリー）

「自然と共に人生を豊かに」をコンセプトに、イラスト・写真・動画・音楽などを通じて情報発信を行う、YUKIと中嶌真平のユニット。著書に『ココロさえずる野鳥ノート』（文一総合出版）がある。

● YUKI：イラストレーター。京都造形芸術大学（現・京都芸術大学）日本画科卒業後、高校や絵画講座で絵画を教える仕事などをへて現職。趣味のバードウォッチングが高じて、「野鳥のことを知って愛してもらいたい！」とSNSに投稿した鳥のイラストや豆知識が話題となる（@mililie_birds）。

● 中嶌真平：作家・ギタリスト。音楽活動で培われた感性や聴覚をいかし、鳥などをテーマに執筆活動を行う。音楽家としては、巨匠パット・マルティーノに師事し、国内外のライブなどで活躍。自身のアルバムが2枚発売されている。

校正　ヴェリタ、秋山 勝
装丁　渡辺 緑
本文デザイン　笹沢記良
編集　田上理香子

身近な「鳥」の素顔名鑑

散歩道で出会える！　個性豊かな野鳥たち

2025年4月29日　初版第1刷発行
2025年5月27日　初版第2刷発行

著者　mililie
発行者　出井貴完
発行所　SBクリエイティブ株式会社
〒105-0001 東京都港区虎ノ門2-2-1

印刷・製本　株式会社シナノ パブリッシング プレス

本書をお読みになったご意見・ご感想を
下記URL、右記QRコードよりお寄せください。
https://isbn2.sbcr.jp/25191/

　ISBN 978-4-8156-2519-1